丛书总主编：孙鸿烈　于贵瑞　欧阳竹　何洪林

# 中国生态系统定位观测与研究数据集

## 湖泊湿地海湾生态系统卷

# 湖北东湖站

（2002—2006）

谢　平　过龙根　倪乐意　主编

中国农业出版社

# 中国生态系统定位观测与研究数据集

## 丛书编委会

# 中国生态系统定位观测与研究数据集
# 湖泊湿地海湾生态系统卷·湖北东湖站

## 编委会

# 【序 言】

随着全球生态和环境问题的凸显，生态学研究的不断深入，研究手段正在由单点定位研究向联网研究发展，以求在不同时间和空间尺度上揭示陆地和水域生态系统的演变规律、全球变化对生态系统的影响和反馈，并在此基础上制定科学的生态系统管理策略与措施。自20世纪80年代以来，世界上开始建立国家和全球尺度的生态系统研究和观测网络，以加强区域和全球生态系统变化的观测和综合研究。2006年，在科技部国家科技基础条件平台建设项目的推动下，以生态系统观测研究网络理念为指导思想，成立了由51个观测研究站和一个综合研究中心组成的中国国家生态系统观测研究网络（National Ecosystem Research Network of China，简称CNERN）。

生态系统观测研究网络是一个数据密集型的野外科技平台，各野外台站在长期的科学研究中，积累了丰富的科学数据，这些数据是生态学研究的第一手原始科学数据和国家的宝贵财富。这些台站按照统一的观测指标、仪器和方法，对我国农田、森林、草地与荒漠、湖泊湿地海湾等典型生态系统开展了长期监测，建立了标准和规范化的观测样地，获得了大量的生态系统水分、土壤、大气和生物观测数据。系统收集、整理、存储、共享和开发应用这些数据资源是我国进行资源和环境的保护利用、生态环境治理以及农、林、牧、渔业生产必不可少的基础工作。中国国家生态系统观测研究网络的建成对促进我国生态网络长期监测数据的共享工作将发挥极其重要的作用。为切实实现数据的共享，国家生态系统观测研究网络组织各野外台站开展了数据集的编辑出版工作，借以对我国长期积累的生态学数据进行一次系统的、科学的整理，使其更好地发挥这些数据资源的作用，进一步推动数据的共享。

为完成《中国生态系统定位观测与研究数据集》丛书的编纂，CNERN综合研究中心首先组织有关专家编制了《农田、森林、草地与荒漠、湖泊湿地海湾生态系统历史数据整理指南》，各野外台站按照指南的要求，系统地开展了数据整理与出版工作。该丛书包括农田生态系统、草地与荒漠生态系统、森林生态系统以及湖泊湿地海湾生态系统共4卷、51册，各册收集整理了各野外台站的元数据信息、观测样地信息与水分、土壤、大气和生物监测信息以及相关研究成果的数据。相信这一套丛书的出版将为我国生态系统的研究和相关生产活动提供重要的数据支撑。

孙鸿烈

2010年5月

# [前 言]

在国家科技基础条件平台建设项目“生态系统网络的联网观测研究及数据共享系统建设”的支撑下，为了进一步推动国家野外台站对历史资料的挖掘与整理，强化国家野外台站信息共享系统建设，丰富和完善国家野外台站数据库的内容，中国国家生态系统观测网络（CNERN）决定出版《中国生态系统定位观测与研究数据集》丛书，该丛书的出版计划同时也被列为台站工作任务之一，因而得到联网观测的各野外台站的鼎力支持和协助。

为了更好地推动《中国生态系统定位观测与研究数据集》丛书的出版，“生态系统网络的联网观测研究及数据共享系统建设”项目组经过多次讨论，编写了针对农田生态系统研究站、森林生态系统研究站、草地与荒漠生态系统研究站、湖泊湿地和海湾生态系统研究站的历史数据整理指南。

本数据集为湖北东湖国家野外科学观测研究站依据指南进行编撰，以整理收集和共享东湖站监测和研究数据的精华为宗旨，在对大量野外实测数据的统计汇编和精简编撰的基础上整合而成，反映了我国长江中游地区典型的浅水城市内湖泊——武汉东湖的生态系统的结构和功能特征，从水体水质、浮游生物、底栖动物、水生植物和渔业等方面阐述了东湖水生态系统近5年来的变化特征。

本数据集由参加东湖常规监测人员共同完成，总体编写由过龙根负责完成，徐军、王青、陶敏、张静、韩军等人参与不同章节的编写，最后由谢平和倪乐意审核完成。

由于时间仓促，书中不足之处敬请批评指正！

编　者

2009 年 6 月

# 目录

# 第一章 引言

## 1.1 台站简介

### 1.1.1 台站简介

东湖站中英文名称：东湖湖泊生态系统试验站（Donghu Experimental Station of Lake Ecosystems）。

依托单位：中国科学院（The Chinese Academy of Sciences）。

所处地理位置：中国湖北武汉武昌东湖南路 7 号。

经纬度：东经 114°21′49″，北纬 30°33′04″。

地域特色：东湖位于武汉市武昌区东北，形若一斜置的等腰三角形，面积在水位 20.5m 时为 27.899km²，平均水深 2.21m，流域面积 187km²。东湖是长江中下游的一个中型浅水湖泊。湖之南，两列东西向残丘（以喻家山最高，151.84m），互相平行，断续相连。这两列残丘皆为泥盆系石英砂岩所组成的向斜山，它们之间为志留系页岩所组成的背斜谷地，表现出构造与地形的倒置现象。南北向的老构造断裂使洪山与珞珈山、珞珈山与来旺山、来旺山与瑜家山各各错开，而使山势略向南偏折。向斜山顶面横削构造，是古夷平面的残留，发育着硅一铝残积层。在残丘山麓处，红色泥砾呈裙状分布，背斜谷中广泛发育着棕黄色砂质黏土，分别构成第一级梯地（T1）和第二级梯地（T2）。东湖湖汊茶叶港、冷水布、喻家湖或插入于老构造断裂所错开的残丘间，或伸入于一、二级阶地之间。湖之北，是一宽广的冲积平原。长约 15km，宽约 3～4km，顺长江流向延展。平原地势自江边向湖倾斜，海拔高从 25m 逐渐下降至 22m。弓形状自然堤扼锁于东湖北侧，隔开平原。堤高 2～3m，北陡南缓。平原表层河漫滩相为沙质黏土薄层或透镜体，属河漫滩滞留相。

湖东、湖西阶地广布，东湖正好镶嵌于阶地之中。第一级阶地海拔 30～35m，比高 10～15m，第二级阶地海拔 40～45m，比高 20～25m。由于组成阶地的棕黄色粉砂、沙质黏土易遭散流侵蚀，形成许多浅凹处，使阶地面呈现出波状起伏。全新世的河湖相沉积主要是东湖的湖相沉积和东湖北面平原地区的冲积层（详见东湖生态学研究（1），刘建康院士主编）。

东湖生态系统实验站是国家重点野外科学研究试验站和中国生态系统研究网络重点站，是国内唯一进行城市内湖泊（武汉东湖）生态系统综合性研究的野外试验站，依托单位是中国科学院水生生物研究所，主管部门是中国科学院。

东湖湖泊生态系统试验站于 1980 年正式建站，并被列为《人与生物圈》的定位观测站，1992 年被评选为“中国生态系统研究网络”的重点站。1998 年成为中国科学院开放野外台站，2001 年被列为国家重点野外科学观测试验站试点站（当时都称为国家重点野外科学研究观测台站试点站），2006 年通过国家野外科学观测研究站（试点站）评估认证，正式纳入国家野外科学观测研究站序列。东湖站现有研究人员 10 人，其中：具有高级职称人员 5 人（包括院士 1 人），中级 3 人，初级 2 人；博士后 4 人，研究生 24 人。

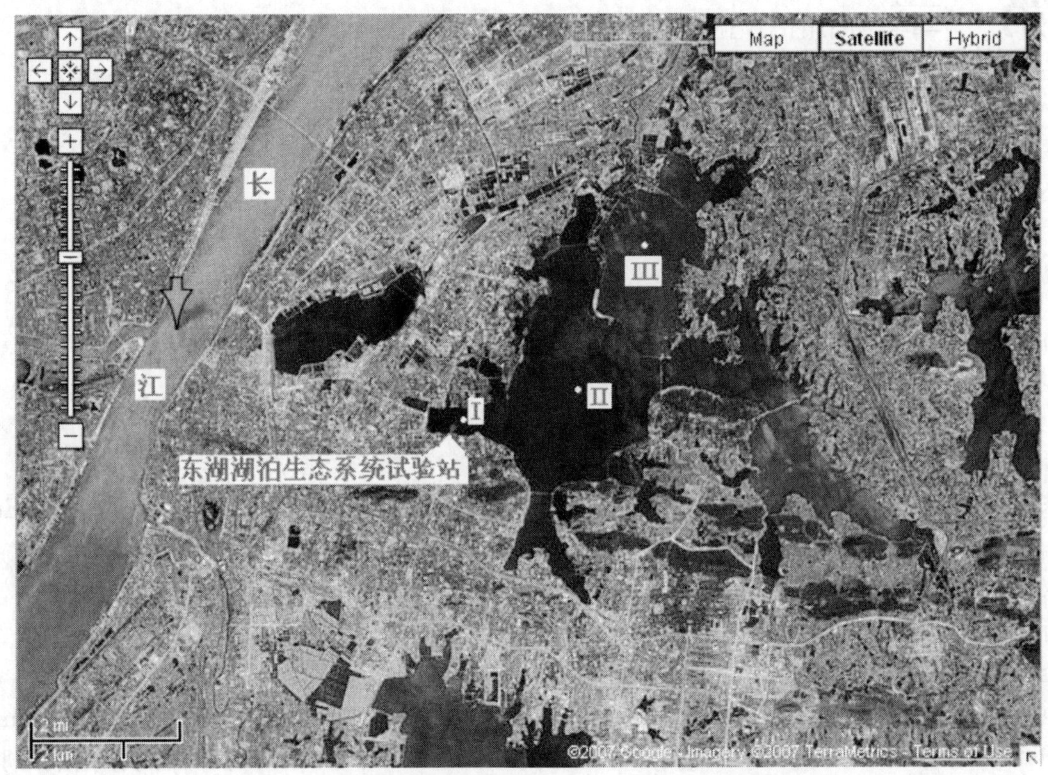


图1-1 东湖湖泊生态系统试验站位点图及监测点分布

## 1.1.2 研究方向

东湖站的主要研究方向是淡水生态学，主要从事湖泊生态系统结构、功能长期定位观测和系统试验，阐述生态环境变迁过程、机理，并预测其变迁和演替的前提及生态效应，提出既要发展渔业，又要保护环境的优化示范模式，为湖泊的合理开发、利用提供科学决策。主要研究内容：东湖生态系统结构、功能和生物生产力的研究、鱼类在源泊生态系统中的作用、水生植物和浮游植物生态学、水生动物生态学、湖泊富养分恢复的生态技术等。近期主要开展以下几个方面研究：

（1）主要生源要素（N，P，C）的营养动力学研究，包括营养盐的输入、输出及在系统中的循环规律；

（2）食物网结构及滤食性鱼类对水体富营养化的影响规律；

（3）微囊藻毒素在生态系统中的行为和迁移规律；

（4）水生植被对湖泊生态系统的影响及在浅水富营养化湖泊恢复与重建优化的水生高等植物群落；

（5）湖泊生态系统中的碳循环；

（6）跟踪研究在人类活动干扰下的东湖生态系统的长期演变规律，特别是富营养化机理及治理途径。

观测内容：

（1）大气：$CH_4$、$N_2O$、$CO_2$、降水、温度、相对湿度、露点温度、水气压、气压、海平面气压、风、降雨、感雨时间、地表温度、太阳辐射等；

（2）生物：浮游植物、浮游动物、水生高等植物、鱼类、底栖动物、微生物等生物类群的种类、密度、生物量、食物网结构以及它们的季节变化和空间变化等；

（3）水体理化：水深、面积、透明度、水体的COD、电导率、pH、TP、O-P、TN、$NO_3$-N、

$NO_2-N$、$NH_4-N$、Ca、K、Na、Mg、Cl、$SiO_2$、以及沉积物碳、氮、磷的总量和不同形态的含量等；

（4）特定数据：微囊藻毒素 MC－LR、RR、YR、以及碳、氮稳定性同位素等。

### 1.1.3 研究成果

东湖湖泊生态系统试验站以东湖为主要研究基地，及时运用国际最新的研究手段并紧密结合我国国情，从个体、种群、群落和生态系统的各个层次对东湖生态系统进行了长期定位观测和系统研究，创建和发展了我国淡水生态学、填补了有关滤食性鱼类对湖泊生态系统的下行效应方面的研究空白，本站对东湖的生态学研究已有 40 余年的历史。20 世纪 70 年代初，根据国家需求和我国淡水湖泊的特点，进行了武汉东湖渔业增产试验，建立了一套以提高生物生产力为我国的湖泊渔业增产技术，推动了我国大水面渔业的蓬勃发展。90 年代，创造性地提出了用滤食性鱼类直接控制蓝藻水华的新的"生物操纵"法—非经典生物操纵理论。目前，该理论在许多湖泊（云南滇池、安徽巢湖、江苏太湖的部分湖区、云南程海湖及贵州红枫湖）的蓝藻水华治理中得到广泛应用。此外，长期以来积累的科学数据阐释了东湖生态系统的结构和功能，是研究东湖生态系统长期演变规律的重要基础数据。已有的部分长期数据已收入中国生态系统研究网络科学委员会秘书处编"中国生态系统研究网络数据目录"。当前，按照国家野外台站规定监测项目，东湖站继续对东湖生态系统的气象、理化和生物因子的动态进行长期监测。

建站以来，除承担国家野外台站监测运行任务外，还承担了国家"863"、"973"项目专题、中国科学院知识创新重大项目课题、国家杰出青年基金、国家"十五"重大科技专项、国家自然基金面上项目、领域前沿项目、国家环保总局环境保护经费、中科院资源环境领域野外台站研究基金等研究任务，承担项目总经费近 2 000 万元。近 15 年来，研究人员发表 SCI 论文 130 余篇，其中 *Science* (Letter) 2 篇，出版专著 5 部，其中有关东湖生态系统研究分别荣获 1994 年中国科学院自然科学一等奖和 1995 年国家自然科学三等奖。现任站长谢平研究员和名誉站长刘建康院士基于对武汉东湖的长期生态学研究评析和原位围隔实验揭示了东湖蓝藻水华消失之谜，提出了非经典生物操纵理论。谢平研究员获得 1999 年第 9 届日本琵琶湖生态学奖、2001 年中国科学院青年科学家奖和优秀"百人计划"完成者、2003 年国家杰出青年基金，2004 年入选首批新世纪百千万人才工程国家级人选。

### 1.1.4 合作交流

东湖站实行"开放、流动、联合、竞争"的运行机制，积极向高效运行的、开放的、具有国际水平的和持续发展的中国生态系统研究网络中的重点站和中国科学院开放野外台站努力，努力建成国家级的淡水生态学知识创新中心。台站对外开放的平台建设内容包括向中国生态系统定位观测与研究网络提供长期定点观测数据、组织有关研究机构进行人员和研究交流、组织国内外学术活动等，同时向社会和地方公开提供科学咨询和研究，解释突发性湖泊环境问题。同时台站通过邀请本领域国际领先的专家前来讲学和实验室指导，或派出本站人员到国内外相关实验室短期交流或参加会议，促进台站对外开放和研究水平。台站聘请本领域权威专家组成学术委员会，指导本站的学术方向，评价学术水平和通过审查批准开放研究课题来推动本站的学术发展。同时通过人员的不断更新，进一步凝聚科技精英，形成代表国家最高水平的、在国际上有重要地位的科学家群体，成为淡水生态学领域高级科技创新人才培养基地。

东湖站自建立以来，经过 20 多年，多渠道的投资和建设，作为中国科学院开放试验站和中国生态系统研究网络重点站，东湖站的仪器与设备近千万元，野外试验观测场地的仪器设备和实验室的仪器设备条件良好，能满足国家生态环境野外观测研究站试验观测的需要，仪器设备的使用率高和维护状况良好。此外，还有其他仪器设备，如高压液相色谱仪、半制备液相色谱、LC－MS、超低温冰箱、高速冷冻离心机、旋转蒸发仪、TOC仪、全自动定氮仪、酶标仪、PCR仪、凝胶成像仪、冷冻干燥机、紫外可见光分光度计、同位素比例质谱仪、离子色谱仪、气相色谱仪等。每台（套）仪器由相关科研技术人员负责管理（维护、记录等），固定人员、研究生和实验室流动人员（含客研究人员）无偿使用。其他人员需使用的，须先预约，在不影响本实验室正常实验的前提下，可供使用，并收取一定的费用。完备的观测和分析的仪器设备、适宜的科研环境与宽松、创新、合作的科研氛围，为本站进行科学研究与合作的研究人员提供了不可多得的科研平台。东湖湖泊生态系统试验站自建站以来，先后于日本、美国、英国等国家的著名科学家进行合作交流。

## 1.2 数据整理出版说明

本数据集来自东湖站日常监测的相关数据，由于东湖湖体相对较小，样点之间的差别并不大，故本数据集所反映的数据是东湖监测站点的总体情况，目的是为了反映东湖站过去5年间的历史变化结果，能够从趋势上看出武汉东湖生态系统的变化结果。由于部分数据尚在整理分析中，因此，本站所有数据集的数据进行部分出版。

本数据集产生的数据质量控制主要按照相应的监测规范和分析手册进行。本数据集受国家台站监测网络—东湖数据库信息系统建设等项目的支持。参加编制人员以站长为核心，负责东湖常规监测的人员、数据管理员等为主体。

# 第二章

# 数据资源目录

东湖站主要围绕武汉城市内湖泊—武汉东湖生态系统的结构和功能进行研究，常规监测内容包括水体理化、浮游植物、浮游动物、底栖动物、沉积物和渔业等内容。此外，借助东湖开展研究工作的成果和基础，同时对我国长江流域湖泊的生态系统功能和结构开展了研究，围绕蓝藻水华的发生和产生藻毒素以及水生植被修复等问题开展了一系列研究工作，积累了大量的野外数据。

## 2.1 东湖生物数据资源目录

**数据集名称：**东湖浮游植物

**数据集摘要：**记录东湖站长期监测位点：Ⅰ站、Ⅱ站和Ⅲ站的浮游植物群落的种类组成、密度和生物量的变化特征。监测频次为每月进行（部分数据缺失）

**数据集时间范围：**1956 年至今

**数据集名称：**东湖浮游动物

**数据集摘要：**记录东湖站长期监测位点：Ⅰ站、Ⅱ站和Ⅲ站的浮游植物群落的种类组成、密度和生物量的变化特征。与浮游植物同步进行，监测频次为每月进行（部分数据缺失）

**数据集时间范围：**1956 年至今

**数据集名称：**东湖大型底栖动物

**数据集摘要：**记录东湖站长期监测位点：Ⅰ站、Ⅱ站和Ⅲ站的底栖动物群落的种类组成、密度和生物量的变化特征。监测频次为每月进行（部分数据缺失）

**数据集时间范围：**1980 年至今

**数据集名称：**东湖细菌

**数据集摘要：**记录东湖站长期监测位点：Ⅰ站、Ⅱ站和Ⅲ站的细菌的变化特征。监测频次为每月进行（部分数据缺失）

**数据集时间范围：**1998 年至今

**数据集名称：**东湖水生植物

**数据集摘要：**记录东湖站长期监测位点：Ⅰ站、Ⅱ站和Ⅲ站水生植物的变化特征。监测频次为每月进行（部分数据缺失）

**数据集时间范围：**1960 年至今

**数据集名称：**东湖渔业

**数据集摘要：**记录东湖渔业发展的特征。监测频次为每年度进行 1 次（部分数据缺失）

**数据集时间范围：**1980年至今

## 2.2 东湖水体理化数据资源目录

**数据集名称：**东湖水物理特征

**数据集摘要：**记录东湖站长期监测位点：Ⅰ站、Ⅱ站和Ⅲ站水物理指标，主要包括：水温、水深、水色、水位、透明度、电导率、水下辐射等。监测频次为每月进行（部分数据缺失）

**数据集时间范围：**1980年至今

**数据集名称：**东湖水化学特征

**数据集摘要：**记录东湖站长期监测位点：Ⅰ站、Ⅱ站和Ⅲ站水化学指标，主要包括：pH、碱度、硬度、TOC、总氮、总磷、溶解性总氮、溶解性总磷、氨氮、硝态氮、亚硝酸氮、正磷酸盐、钠离子、钾离子、钙离子、镁离子、氯离子、硫酸根离子等。监测频次为每月进行（部分数据缺失）

**数据集时间范围：**1980年至今

**数据集名称：**东湖水体初级生产力特征

**数据集摘要：**记录东湖站长期监测位点：Ⅰ站、Ⅱ站和Ⅲ站水体初级生产力，主要包括：毛产量、呼吸量、水柱日生产量等。监测频次为每月进行（部分数据缺失）

**数据集时间范围：**1980年至今

**数据集名称：**东湖水体叶绿素a特征

**数据集摘要：**记录东湖站长期监测位点：Ⅰ站、Ⅱ站和Ⅲ站水体叶绿素a含量，反映浮游植物的总量变化。监测频次为每月进行（部分数据缺失）

**数据集时间范围：**1980年至今

## 2.3 东湖气象数据资源目录

**数据集名称：**东湖自动观测气象数据

**数据集摘要：**记录东湖站气象数据，主要包括：气温瞬时值、1h内气温最大值和最小值、相对湿度瞬时值、露点温度瞬时值、气压瞬时值、1h内气压最大值和最小值、2min平均风速和风向、10min的最大风速和风向、10min的平均风速和风向、1h最大风速和风向、1h降水量、5cm、10cm、15cm水温瞬时值。辐射数据包括：总辐射瞬时值、反辐射瞬时值、紫外辐射瞬时值、净辐射瞬时值、光和有效辐射瞬时值［单位（$w/m^2$）］总辐射累记值、反辐射累记值、紫外辐射累记值、净辐射累记值、光和有效辐射累记值［单位（$MJ/m^2$）］总辐射最大值和最小值、反辐射最大值和最小值、紫外辐射最大值和最小值、净辐射最大值和最小值、光和有效辐射最大值和最小值［单位（$W/m^2$）］、小时日照数［单位（min）］。观测频度：系统每小时生成后缀名为LOG（气象数据）和后缀名为RAD（辐射数据）的两组数据文件

**数据集时间范围：**2005年至今

**数据集名称：**东湖人工观测气象数据

**数据集摘要：**记录东湖站人工观测数据包括：气压瞬时值、干温、气温最大值、气温最小值、湿温、相对湿度、时点段的风速和风向、日照时数、降水量。观测频度：每日分别在8：00、13：00、

20：00 时点段对气压瞬时值、干温、气温最大值、气温最小值、湿温、相对湿度、风速和风向等气象要素进行观测。日照观测统计为每晚 20：00 时进行。降水量观测记量为每日 8：00 和 20：00 进行

**数据集时间范围：** 2005 年至今

## 2.4 东湖其他数据资源目录

**数据集名称：** 东湖样地信息

**数据集摘要：** 描述了东湖站长期监测位点：Ⅰ站、Ⅱ站和Ⅲ站样地的基本情况

**数据集时间范围：** 1980 年至今

**数据集名称：** 东湖土地利用

**数据集摘要：** 描述了东湖站长期监测位点：Ⅰ站、Ⅱ站和Ⅲ站样地的基本情况

**数据集时间范围：** 目前完善中

**数据集名称：** 东湖野外研究数据

**数据集摘要：** 描述了东湖站在长江流域开展的湖泊调查研究，涉及水体理化、浮游生物、沉积物等内容

**数据集时间范围：** 2002 年至今

**数据集名称：** 东湖室内研究数据

**数据集摘要：** 主要包括以东湖水体为背景开展的原位围隔实验，以及围绕湖泊生态系统修复开展室内实验研究数据

**数据集时间范围：** 1980 年至今

**数据集名称：** 东湖图谱数据

**数据集摘要：** 主要包括以东湖水生生物的图谱，包括浮游植物、浮游动物、底栖动物、水生植物和鱼类等生物的图谱

**数据集时间范围：** 目前正在整理中

# 第三章

# 东湖观测场（点）

## 3.1 概述

东湖站的观测场主要包括气象观测场和综合观测场，其中气象观测场为2004年12月建成，2005年1月正式开始采集气象观测数据。综合观测场根据东湖的面积（27.8km$^2$），按照国际通用的惯例，10km$^2$ 设置一个观测点，共设置3个观测样点，即DHL01（Ⅰ站）、DHL02（Ⅱ站）和DHL03（Ⅲ站）见图3-1。

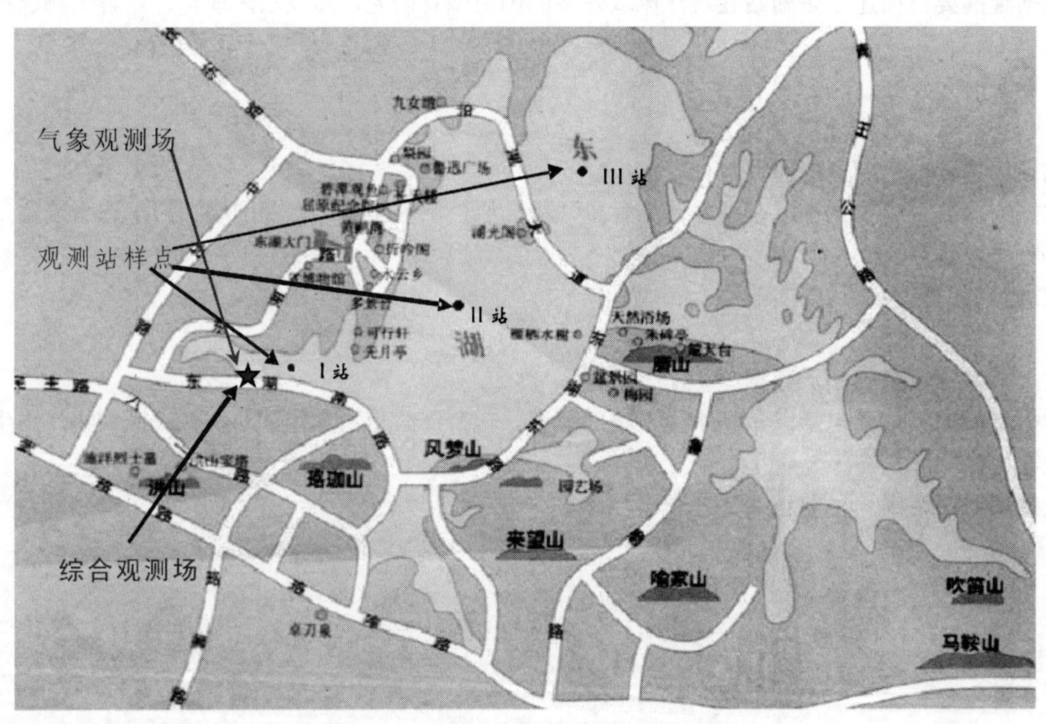


图3-1 东湖湖泊生态系统试验站地形图

## 3.2 观测场点介绍

### 3.2.1 综合观测场

东湖站的综合观测场主要是以东湖水体为对象开展观测，共设置水体观测点（站）3个，基本信息如下：

**表 3－1　观测站Ⅰ站**

| | |
|---|---|
| 观测站代码 | DHL01 |
| 观测站名称 | 东湖湖泊生态系统试验站Ⅰ号观测站 |
| 观测的生态系统类型 | 湖泊生态系统 |
| 观测目的 | 根据 CERN 水体分中心指标体系的要求，开展环境因子、生物因子及生态系统演变的长期观测 |
| 观测站建立时间 | 1980 |
| 可用年数 | 50 |
| 观测场面积 | $28km^2$ |
| 观测场形状 | 菱角状分隔成 3 个湖区 |
| 观测站经度 | 东经 114°21′49″ |
| 观测站纬度 | 北纬 30°33′04″ |
| 观测站自然地理背景信息 | 长江中游典型浅水湖泊，平均水深 3～4m，海拔 21m 左右，北面为冲积平原，东西阶梯分布，土质为粉沙和黏土 |
| 观测采样方法 | 样点水样、泥样、水草样；全湖渔获物抽样 |
| 观测指标 | 湖泊水物理要素（水温、浊度、透明度、水下辐射、消光系数）、水化学要素（pH、溶氧、碱度、钾、纳、钙、镁、氯、硫酸盐、总氮、总磷、磷酸盐、硝酸盐、氨氮、二氧化硅、总有机碳、无机碳、生化需氧量、化学需氧量）、底质分析（沉积物碳氮磷含量等）、浮游植物初级生产力、浮游植物数量和生物监测（浮游植物种类、主要类群密度、生物量）、浮游动物数量和生物监测（浮游动物种类、主要类群密度、生物量）、底栖动物数量和生物量监测（底栖动物种类、密度、生物量）、大型水生植物调查（种类、生物量）、鱼类（种类）、渔获物（年龄结构、重量和产量） |

**表 3－2　观测站Ⅱ站**

| | |
|---|---|
| 观测站代码 | DHL02 |
| 观测站名称 | 东湖湖泊生态系统试验站Ⅱ号观测站 |
| 观测的生态系统类型 | 湖泊生态系统 |
| 观测目的 | 根据 CERN 水体分中心指标体系的要求，开展环境因子、生物因子及生态系统演变的长期观测 |
| 观测站建立时间 | 1980 |
| 可用年数 | 50 |
| 观测场面积 | $28km^2$ |
| 观测场形状 | 菱角状分隔成 3 个湖区 |
| 观测站经度 | 东经 114°22′67″ |
| 观测站纬度 | 北纬 30°32′99″ |
| 观测站自然地理背景信息 | 长江中游典型浅水湖泊，平均水深 3～4m，海拔 21m 左右，北面为冲积平原，东西阶梯分布，土质为粉沙和黏土 |
| 观测采样方法 | 样点水样、泥样、水草样；全湖渔获物抽样 |
| 观测指标 | 湖泊水物理要素（水温、浊度、透明度、水下辐射、消光系数）、水化学要素（pH、溶氧、碱度、钾、纳、钙、镁、氯、硫酸盐、总氮、总磷、磷酸盐、硝酸盐、氨氮、二氧化硅、总有机碳、无机碳、生化需氧量、化学需氧量）、底质分析（沉积物碳氮磷含量等）、浮游植物初级生产力、浮游植物数量和生物监测（浮游植物种类、主要类群密度、生物量）、浮游动物数量和生物监测（浮游动物种类、主要类群密度、生物量）、底栖动物数量和生物量监测（底栖动物种类、密度、生物量）、大型水生植物调查（种类、生物量）、鱼类（种类）、渔获物（年龄结构、重量和产量） |

**表 3－3　观测站Ⅲ站**

| | |
|---|---|
| 观测站代码 | DHL03 |
| 观测站名称 | 东湖湖泊生态系统试验站Ⅲ号观测站 |
| 观测的生态系统类型 | 湖泊生态系统 |
| 观测目的 | 根据 CERN 水体分中心指标体系的要求，开展环境因子、生物因子及生态系统演变的长期观测 |
| 观测站建立时间 | 1980 |
| 可用年数 | 50 |
| 观测场面积 | $28km^2$ |

（续）

| | |
|---|---|
| 观测场形状 | 菱角状分隔成3个湖区 |
| 观测站经度 | 东经114°23′90″ |
| 观测站纬度 | 北纬30°34′72″ |
| 观测站自然地理背景信息 | 长江中游典型浅水湖泊，平均水深3～4m，海拔21m左右，北面为冲积平原，东西阶梯分布，土质为粉沙和黏土 |
| 观测采样方法 | 样点水样、泥样、水草样；全湖渔获物抽样 |
| 观测指标 | 湖泊水物理要素（水温、浊度、透明度、水下辐射、消光系数）、水化学要素（pH、溶氧、碱度、钾、纳、钙、镁、氯、硫酸盐、总氮、总磷、磷酸盐、硝酸盐、氨氮、二氧化硅、总有机碳、无机碳、生化需氧量、化学需氧量）、底质分析（沉积物碳氮磷含量等）、浮游植物初级生产力、浮游植物数量和生物监测（浮游植物种类、主要类群密度、生物量）、浮游动物数量和生物监测（浮游动物种类、主要类群密度、生物量）、底栖动物数量和生物量监测（底栖动物种类、密度、生物量）、大型水生植物调查（种类、生物量）、鱼类（种类）、渔获物（年龄结构、重量和产量） |

## 3.2.2 气象观测场

气象观测场编码：DHLQX01

观测站海拔：31m

气象观测场名称：东湖站气象观测场

### 3.2.2.1 自动气象观测场监测项目和观测频度

监测项目：气象数据和辐射数据。

（1）气象数据：气温瞬时值 、1h内气温最大值和最小值、相对湿度瞬时值、露点温度瞬时值、气压瞬时值、一小时内气压最大值和最小值、2min平均风速和风向、10min的最大风速和风向、10min的平均风速和风向、1h最大风速和风向、1h降水量、水温瞬时值。

（2）辐射数据：总辐射瞬时值、反辐射瞬时值、紫外辐射瞬时值、净辐射瞬时值、光和有效辐射瞬时值、总辐射累记值、反辐射累记值、紫外辐射累记值、净辐射累记值、光和有效辐射累记值、总辐射最大值和最小值、反辐射最大值和最小值、紫外辐射最大值和最小值、净辐射最大值和最小值、光和有效辐射最大值和最小值、小时日照数。

（3）观测频度：系统每小时生成后缀名为LOG（气象数据）和后缀名为RAD（辐射数据）的两组数据文件。

### 3.2.2.2 人工气象观测场监测项目和观测频度

（1）监测项目：气象数据

（2）气象数据：气压瞬时值、干温、气温最大值、气温最小值、湿温、相对湿度、时点段的风速和风向、日照时数、降水量。

（3）观测频度：每日分别在8：00 、13：00 、20：00时点段对气压瞬时值、干温、气温最大值、气温最小值、湿温、相对湿度、风速和风向等气象要素进行观测。日照观测统计为每晚20：00时进行。降水量观测记量为每日8：00和20：00进行。

### 3.2.2.3 观测场示意图

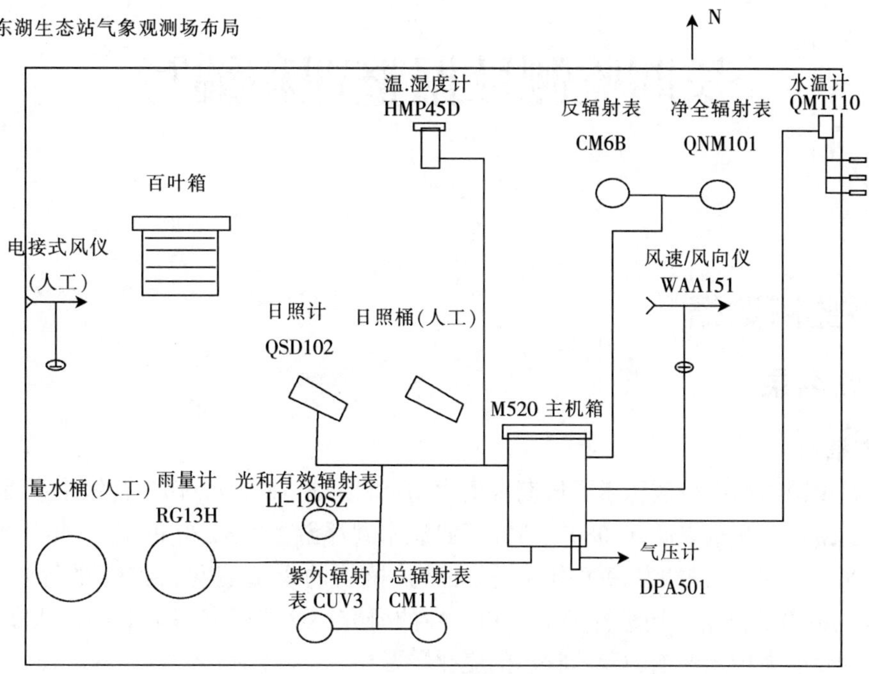


图 3-2　东湖站气象观测场场内设施分布图及说明

# 第四章

# 长期监测数据整理和编写

## 4.1 生物监测数据

### 4.1.1 生物名录

#### 4.1.1.1 浮游植物

武汉东湖是中国湖泊中少数积累了长期水生生物资料的湖泊之一。作为初级生产者浮游植物的研究则较为缺乏：饶钦止和章宗涉（1980）研究了武汉东湖浮游植物从 20 世纪 50 年代到 70 年代的演变；望见（1990）报道了 1979—1986 年间东湖浮游植物的季节变化；雷安平等（1995）对东湖 1993—1994 年间硅藻的群落结构进行了定量和定性的研究；这些研究基本上都是从浮游植物的种类组成及多样性的角度来指示湖泊的营养状态的变化。

**表 4-1 东湖浮游植物名录**

| 名　称 | 拉 丁 名 |
|---|---|
| **蓝藻门** | **Cyanophyta** |
| 微小平裂藻 | *Merismopedia tenuissima* Lemm. |
| 点形平裂藻 | *M. punctata* Meyen. |
| 细小平裂藻 | *M. minima* G. Beck. |
| 平裂藻属 | *Merismopedia* sp. |
| 鱼腥藻属 | *Anabaena* sp. |
| 微囊藻属 | *Microcystis* spp. |
| 隐球藻属 | *Aphanocapsa* sp. |
| 小型色球藻 | *Chroococcus minor* (Kutz.) Nag. |
| 湖沼色球藻 | *C. limneticus* Lemm. |
| 束缚色球藻 | *C. tenax* (Kirchn.) Hieron. |
| 针状蓝纤维藻 | *Dactylococcopsis acicularis* Lemm. |
| 钝顶节旋藻 | *Arthrospira platensis* (Nordst.) Gom. |
| 湖生束球藻 | *Gomphosphaeria lacustris* Chod. |
| 巨颤藻 | *Oscillatoria princes* Vauch. |
| 颤藻属 | *Oscillatoria* spp. |
| 纳氏腔球藻 | *Coelosphaerium nagelianum* Unger. |
| 集胞藻属 | *Synechocystis* sp. |
| 席藻属 | *Phormidium* sp. |
| 环离鞘丝藻 | *Lyngbya circumcreta* G. S. West. |
| 湖泊鞘丝藻 | *L. limnetica* Lemm. |
| 阿氏拟鱼腥藻 | *Anabaenopsis arnoldii* Aptekarj. |
| 高山立方藻 | *Eucapsis alpine* Clem. et Shantz. |
| 弯形小尖头藻 | *Raphidiopsis curvata* Fritsch et Rich. |
| **绿藻门** | **Chlorophyta** |
| 球衣藻 | *Chlamydomonas globosa* Snow. |

（续）

| 名　称 | 拉 丁 名 |
|---|---|
| 雷氏衣藻 | *C. reinhardtii* Dang. |
| 突变衣藻 | *C. mutabilis* Gerloff. |
| 卵形衣藻 | *C. ovalis* Pasch. |
| 四鞭藻属 | *Cateria* sp. |
| 具角翼膜藻 | *Pteromonas angulosa* Lemm. |
| 戈利翼膜藻近方形变种 | *P. golenkiniana* var. *subquadrata* K. T. Lee. |
| 多芒藻 | *Golenkinia radiate* Chodat. |
| 胶星藻 | *Gloeoactinium limneticum* G. M. Smith. |
| 螺旋弓形藻 | *Schroederia spiralis* (Printz.) Korschikoff. |
| 硬弓形藻 | *S. robusta* Korschikoff. |
| 实球藻 | *Pandorina morum* (Mull.) Bory. |
| 蛋白核小球藻 | *Chlorella pyrenoidosa* Chick. |
| 小球藻 | *C. vulgaris* Beijerinck. |
| 十字顶棘藻 | *Chodatella wratislaviensis* (Schroed. Ley.) |
| 四刺顶棘藻 | *C. qudariseta* Lemm. |
| 长刺顶棘藻 | *C. longiseta* Lemm. |
| 盐生顶棘藻 | *C. subsalsa* Lemm. |
| 华丽四星藻 | *Tetrastrum elegans* Playfair. |
| 短刺四星藻 | *T. staurogeniaeforme* (Schroed.) Lemm. |
| 异刺四星藻 | *T. heterocanthum* (Nordst.) Chodat. |
| 扭曲蹄形藻 | *Kirchneriella contorta* (Schmidle.) Bohlin. |
| 蹄形藻 | *K. lunaris* (Kirch.) Moebius. |
| 肥壮蹄形藻 | *K. obesa* (W. West) Schmidle. |
| 小形月牙藻 | *Selenastrum minutum* (Nag.) Collinus. |
| 狭形纤维藻 | *Ankistrodesmus angustus* Bernard. |
| 针形纤维藻 | *A. acicularis* (A.. Braun) Korschikoff. |
| 柯氏并联藻 | *Quadrigula chodatii* (Tann.-Fullm.) G. M. Smith. |
| 集星藻 | *Actinastrum hantzschii* Lagerheim. |
| 短棘盘星藻 | *Pediastrum boryanum* (Turp.) Meneghini. |
| 盘星藻 | *P. biradiatum* Meyen. |
| 二角盘星藻 | *P. duplex* Meyen. |
| 单角盘星藻 | *P. simplex* Meyen. |
| 单角盘星藻具孔变种 | *P. simplex* var. Duodenarium (Bail.) Rabenhorst. |
| 四角盘星藻 | *P. tetras* (Ehr.) Ralfs. |
| 网球藻 | *Dictyosphaerium ehrenbergianum* Nageli. |
| 韦斯藻属 | *Westella* sp. |
| 四角十字藻 | *Crucigenia quadrata* Morren. |
| 四足十字藻 | *C. tetrapedia* (Kirchn.) West. |
| 顶锥十字藻 | *C. apiculata* (Lemm) Schmidle. |
| 十字藻属 | *Crucigenia* sp. |
| 长拟球藻 | *Sphaerellopsis elongata* Skvortz. |
| 具尾四角藻 | *Tetraedron caudatum* (Corda) Hansgirg. |
| 戟形四角藻 | *T. hastatum* (Reinsch) Hansgirg. |
| 三叶四角藻 | *T. trilobulatum* (Reinsch) Hansgirg. |
| 三角四角藻 | *T. trigonum* (Nag.) Hansgieg. |
| 膨胀四角藻 | *T. tumidulum* (Reinsch) Hansgirg. |
| 微小四角藻 | *T. minimum* (A.. Braun) Hansgirg. |
| 四棘藻 | *Treubaria triappendiculata* Bernard. |
| 粗刺四棘藻 | *T. crassispina* G.. M. Smith. |

（续）

| 名　称 | 拉丁名 |
| --- | --- |
| 长绿梭藻 | *Chlorogonium elongatum* Dangeard. |
| 椭圆卵囊藻 | *Oocystis elliptica* W. West. |
| 湖生卵囊藻 | *O. lacustris* Chodat. |
| 被刺藻 | *F. ovalis* (France) Lemm. |
| 转板藻属 | *Mougeotia* sp. |
| 四尾栅藻 | *Scenedesmus quadricauda* (Turp.) Brebisson. |
| 双对栅藻 | *S. bijuga* (Turp.) Lagerheim. |
| 斜生栅藻 | *S. obliquus* (Turp.) Kutzing. |
| 二形栅藻 | *Dimorphus* (Turp.) Kutzing. |
| 被甲栅藻 | *Scenedesmus armatus* (Chod) Chodat. |
| 巴西栅藻 | *S. brasiliensis* Bohlin. |
| 尖细栅藻 | *S. acuminatus* (Lag.) Chodat. |
| 颗粒栅藻 | *S. granulatus* West. |
| 椭圆栅藻 | *S. ovalternus* Chodat. |
| 栅藻属 | *Senedesmus* spp. |
| 空星藻属 | *Coelastrum* spp. |
| 钝鼓藻 | *Cosmarium obtusatum* Schmidle. |
| 扁鼓藻 | *C. depressum* (Nag.) Lundell. |
| 方鼓藻 | *C. quadrum* Lundell. |
| 颗粒鼓藻 | *C. granatum* Brebisson ex Ralfs. |
| 厚皮鼓藻 | *C. pachydermum* Lundell. |
| 凹凸鼓藻 | *C. impressulum* Elfving. |
| 钝齿角星鼓藻 | *Staurastrum crenulatum* (Nag.) Delponte. |
| 盘藻 | *Gonium pectorale* O. F. Muller. |
| 小桩藻属 | *Characium strictum* A. Braun. |
| 新月藻属 | *Closterium* sp. |
| **硅藻门** | **Bacillariophyta** |
| 梅尼小环藻 | *Cyclotella meneghiniana* Kutz. |
| 库津小环藻 | *C. Kuetzingiana* Thwaites. |
| 小环藻属 | *Cyclotella* spp. |
| 冠盘藻属 | *Stephanodiscus* spp. |
| 变异直链藻 | *Melosira varians* Agardh. |
| 颗粒直链藻 | *M. granulata* (Ehr.) Ralfs. |
| 模糊直链藻 | *M. ambigua* (Grunow) O. Muller. |
| 直链藻属 | *Melosira* sp. |
| 肘状针杆藻 | *Synedra ulna* (Nitzsch.) Ehrenberg. |
| 针杆藻属 | *Synedra* spp. |
| 脆杆藻属 | *Fragilaria* spp. |
| 异极藻属 | *Gomphonema* spp. |
| 桥弯藻属 | *Cymbella* spp. |
| 舟形藻属 | *Navicula* spp. |
| 布纹藻属 | *Gyrosigma* sp. |
| 菱形藻属 | *Nitzschia* sp. |
| 波缘藻属 | *Cymatopleura* sp. |
| 披针曲壳藻 | *Achnathes lanceolata* (Breb.) Grunow. |
| 曲壳藻属 | *Achnathes* sp. |
| **隐藻门** | **Cryptophyta** |
| 尖尾蓝隐藻 | *Chroomonas acuta* Uterm. |
| 啮蚀隐藻 | *Cryptomonas erosa* Ehr. |

（续）

| 名　称 | 拉 丁 名 |
|---|---|
| 卵形隐藻 | *C. ovata* Ehr. |
| **甲藻门** | **Dinophyta** |
| 真蓝裸甲藻 | *Gymnodinium eucyaneum* H. J. Hu. |
| 多甲藻属 | *Peridinium* spp. |
| 角甲藻 | *Ceratium hirundinella* (Mull. ) Schr. |
| 金藻门 | Chrysophyta |
| 棕鞭藻属 | *Ochromonas* sp. |
| 圆筒形锥囊藻 | *Dinobryon cylindricum* Imhof. |
| **黄藻门** | **Xanthophyta** |
| 头状黄管藻 | *Ophiocytium capitatum* Wolle. |
| **裸藻门** | **Euglenophyta** |
| 裸藻属 | *Euglena* spp. |
| 波形扁裸藻 | *Phacus undulatus* (Skv. ) pochm. |
| 爪形扁裸藻 | *P. onyx* Pochm. |
| 长尾扁裸藻 | *P. longicauda* (Ehr. ) Duj. |
| 梨形扁裸藻 | *P. pyru* (Ehr. ) Stein. |
| 纺锤鳞孔藻 | *Lepocinclis fusiformis* (Cart. ) Lemm. em. conr. |
| 陀螺藻属 | *Strombomonas* sp. |
| 相似囊裸藻 | *Trachelomonas similis* Stock. |
| 矩圆囊裸藻 | *T. oblonga* Lemm. |
| 旋转囊裸藻 | *T. volvocina* Ehr. |

注：表中出现的种类大部分是历史以来记录过的；

资料来源：1. 唐汇娟，2002，武汉东湖浮游植物生态学研究，博士论文；

2. 饶钦止和章宗涉，1980，武汉东湖浮游植物的演变（1956—1975）和富营养化问题，水生生物学集刊，7（1）：1-6。

#### 4.1.1.2 浮游动物

东湖的浮游动物种类丰富，根据资料显示，其中原生动物130种，轮虫93种，枝角类49种，桡足类15种。

**表4-2 东湖浮游动物名录**

| 名　称 | 拉 丁 名 |
|---|---|
| **原生动物** | |
| 针棘刺胞虫 | *Acanthocystis aculeata* Hertwin&leser |
| 月型刺胞虫 | *Acanthocystis erinaceus* Penard |
| 太阳虫 | *Acinophryas sol* Ehrenbergt |
| 大变形虫 | *Amoeba proteus* (Pallas ) Leidy |
| 蛞蝓变形虫 | *Amoeba limax* Dujadin |
| 放射变形虫 | *Amoeba radios* Ehrenberg |
| 变形虫 | *Amoeba* sp. |
| 条纹变形虫 | *Amoeba strata* Penard |
| 普通变形虫 | *Arcella vulgaris* Ehrenberg |
| 针匣壳虫 | *Centropyxis aculeata aculeate* Ehrenberg |
| 褐砂壳虫 | *Difflugia avellana* Penard |
| 砂壳虫 | *Difflugia brevicolla* Cosh |
| 冠砂壳虫 | *Difflugia corona* Wallich |
| 球形壳虫 | *Difflugia globulosa* Dujardin |
| 高奇珐帽虫 | *Phryganella paradoxa var. alta* Thomas |
| 叉口砂壳虫 | *Difflugia gramen* Penard |

（续）

| 名　称 | 拉 丁 名 |
|---|---|
| 片口砂壳虫 | *Difflugia lobostoma* Leidy |
| 尖顶长圆砂壳虫 | *Difflugia oblonga acuminata* (Ehrenberg) |
| 彭氏砂壳虫 | *Difflugia penardi* Hopk |
| 砂壳虫 | *Difflugia scaplellum* Penard |
| 砂壳虫 | *Difflugia* sp. |
| 壶形砂壳虫 | *Difflugia urceolata* Carter (*Paulinella chromatophora* Laueeborn) |
| 团睥睨虫 | *Askenasia volvox* Clap. &L |
| 有肋楯纤虫 | *Aspidisca costata* (Dujardin) |
| 梨形怪游虫 | *Astylozoon pyriforme* Schewiakoff |
| 刺斜管虫 | *Chilodonella dentata* Fouque |
| 斜管虫 | *Chilodonella* sp. |
| 钩刺斜管虫 | *Chilodonella uncinata* Ehrennberg |
| 珍珠映毛虫 | *Cinetochilum margaritaceum* Perty |
| 卵形篓口虫 | *Clathrostoma ovum* (Faure-Fr.) |
| 毛板壳虫 | *Coleps hirtus* Nitzsch |
| 小毛板壳虫 | *Coleps hirtus minor* Kahl |
| 板壳虫 | *Coleps* sp. |
| 僧帽肾形虫 | *Colpoda cucullus* O. F. Muller |
| 肾形肾形虫 | *Colpoda reniformis* Kahl |
| 齿春肾形虫 | *Colpoda steini* Maupas |
| 钟形平突口虫 | *Condylostoma vorticella* Ehrenberg |
| 环靴纤虫 | *Cothurnia annulata* Stokes |
| 小发袋虫 | *Cristigera minuta* Kahl |
| 前顶梳纤虫 | *Ctedoctema acanthocrypta* Stokes |
| 瓜形膜袋虫 | *Cyclidium citrullus* Cohn |
| 膜袋虫 | *Cyclidium glaucoma* O. F. Muller |
| 善变膜袋虫 | *Cyclidium versatile* Penard |
| 膜袋虫 | *Cyclogramma lateritia* Clap. &L. |
| 沼泽樱球虫 | *Cyclotrichium limneticum* Kahl |
| 单环栉毛虫 | *Didinium balbianii* Fabre-Dom |
| 双环栉毛虫 | *Didinium nasutus* O. F. Muller |
| 双核长颈虫 | *Dileptus binucleatus* Kahl |
| 巨长颈虫 | *Dileptus cygnus* (Clap. &L.) |
| 短小单镰虫 | *Drepanomonas exgua* Penard |
| 海洋旋毛虫 | *Dysteria marina* Gourret &Roeser |
| 斜吻虫 | *Enchelydium* sp. No. 1 |
| 斜吻虫 | *Enchelydium* sp. No. 2 |
| 简单斜口虫 | *Enchelys simplex* Kahl |
| 浮游累枝虫 | *Epistylis rotans* Svec |
| 尾突前口虫 | *Frontonia atra* Ehrenberg |
| 银白前口虫 | *Frontonia leucas* Ehrenberg |
| 闪瞬目虫 | *Glaucoma scintillans* Ehrenberg |
| 卷须弹跳虫 | *Halteria cirrifera* Kahl |
| 大弹跳虫 | *Halteria grandinella* O. F. Muller |
| 放射矛刺虫 | *Hastatella radians* Erlanger |
| 矛刺虫 | *Hastatella* sp. |
|  | *Hemicyclium* sp. |
| 肋状半眉虫 | *Hemiophrys pleurosigma* Stokes |
| 活动裸口虫 | *Holophrya mobilis* Wang&Nie |

（续）

| 名 称 | 拉 丁 名 |
| --- | --- |
| 简裸口虫 | *Holophrya simplex* Schewiakoff |
| 裸口虫 | *Holophrya* sp. |
| 全列虫 | *Holotricha* sp. |
| 下毛亚目 | *Hypotricha* |
| 小长吻虫 L | *Lacrymaria minima* Kahl |
| 天鹅长吻虫 | *Lacrymaria olor* O. F. Muller |
| 瞳孔长吻虫 | *Lacrymaria pupula* O. F. Muller |
| 蠕形长吻虫 | *Lacrymaria vermicularis* Muller-Ehrb |
| 吻瓶口虫 | *Lagynophrya rostrata* Kahl |
| 简单瓶口虫 | *Lagynophrya simplex* Kahl |
| 瓶口虫 | *Lagynophrya* sp. |
| 大舟形虫 | *Lembadion magnum* Stokes |
| 片状漫游虫 | *Litonotus fasciola* Ehrb. -Wrzesiniowski*Lohmanniell oviformis* Leegaard |
| 蚤形中缢虫 | *Mesodinium pulex* Clapare&-Lachmann*Metacystis truncata* Cohn |
| 短小蓝口虫 | *Nassula exigua* Kahl |
| 修饰蓝口虫 | *Nassula ornata* Ehrenberg |
| 暗黄睫纤虫 | *Ophryoglena flava* Ehrenberg |
| 睫纤虫 | *Ophryoglena maligma* Penard |
| 狸藻睫纤虫 | *Ophryoglena utriculariae* Kahl |
| 卵形尖毛虫 | *Oxytricha ovalis* Kahl |
| 柱形拟多核虫 | *Paradileptus conicus* Wenrich |
| 粒状拟多核虫 | *Paradileptus robustus* Wenrich *Physalophrya spumosa* (Penard) |
| 斜板虫 | *Plagiocampa metabolica* Schewiakoff |
| 小斜板虫 | *Plagiocampa minor* Lepsi |
| 多变斜板虫 | *Plagiocampa mutabilis* Schewiakoff |
| 小匙口虫 | *Platyophrya nana* Kahl |
| 盔前管虫 | *Prorodon arnatus* Llap. &L. |
| 变色前管虫 | *Prorodon discolor* Ehrb. -Blochm-Schew |
| 前管虫 | *Prorodon* sp. |
| 圆柱前管虫 | *Prorodon teres* Ehrenberg |
| 绿前管虫 | *Prorodon viridis* Ehrb. -Kahl |
| 圆口拟长颈虫 | *Pseudodileptu-trachelioides* (Zacharias) |
| 拟前管虫 | *Psedoprorodon* sp. No. 1 |
| 拟前管虫 | *Psedoprorodon* sp. No. 2 |
| 圆锥短柱虫 | *Rhabdostyla conipes* Kahl |
| 梨形短柱虫 | *Rhabdostyla pyriformis* Kahl |
| 刀口虫 | *Spathidium vermiculus* Kahl |
| 旋毛虫 | *Spirotricha* sp. |
| 大球吸管虫 | *Sphaerophrya magna* Maupas |
| 缪氏喇叭虫 | *Stentor Mulleri* Ehrenberg |
| 多态喇叭虫 | *Stentor polymorphu s* (O. F. Muller) Ehrb. -Stein |
| 采核喇叭虫 | *Stentor roeseli* Ehrenberg |
| 春锥膜虫 | *Stokesia vernalis* Wenrich |
| 旋回侠盗虫 | *Strobilidium gyrans* (Stokes) |
| 急游虫 | *Strobilidium tintinnodes* Entz |
| 急游虫 | *Strobilidium vestitum* (Leegaad) |
| 绿急游虫 | *Strobilidium uiride* Stein |
| 梨形四膜虫 | *Tetrahymena pyriformis* (Ehrenberg) |
| 淡水同壳虫 | *Tintinnidium fluviatile* Stein |

（续）

| 名　称 | 拉 丁 名 |
|---|---|
| 锥形似铃壳虫 | *Tintinnopsis conus* Chiang |
| 圆形似铃壳虫 | *Tintinnopsis cylindrata* Kofoid-Campbell |
| 罐形似铃壳虫 | *Tintinnopsis potiformis* Chiang |
| 王氏似铃壳虫 | *Tintinnopsis wangi* Nie |
| 球形尾毛虫 | *Urotricha globosa* Schewiakoff |
| 活泼尾毛虫 | *Urotricha agilis* Stokes |
| 卵形尾毛虫 | *Urotricha ovata* Kahl |
| 真永尾尖虫 | *Urotricha venatrix* Kahl |
| 妙鞘居虫 | *Vagimcola ingenita* O. F. Muller |
| 钟钟虫 | *Vorticella campanula* Ehrenberg |
| 沟钟虫 | *Vorticella convallaria* Linne |
| 杯钟虫 | *Vorticella cupifera* Kahl |
| 小口钟虫 | *Vorticella microstoma* Ehrenberg |
| 念珠钟虫 | *Vorticella monilato* Tatem |
| 八钟虫 | *Vorticella octava* Stokes |
| 似钟虫 | *Vorticella similis* Kahl |
| **轮虫** | |
| 旋轮科 | Philodinedae |
| 长足轮虫 | *Rotaria neptunia* |
| 巨环轮虫 | *Philodina megalotrocha* |
| 懒轮虫 | *Rotaria tardigrada* |
| 一种旋轮虫 | *Philodina* sp. |
| 臂尾轮虫科 | Brachionidae |
| 钝角狭甲轮虫 | *Colurella obtusa* |
| 钩状狭甲轮虫 | *C. uncinata* |
| 盘状鞍甲轮虫 | *Lepadella patella* |
| 三翼鞍甲轮虫 | *L. triptera* |
| 截头龟轮虫 | *Trichotria truncata* |
| 角突臂尾轮虫 | *Brachionus angularis* |
| 尾突臂尾轮虫 | *B. caudatus* |
| 萼花臂尾轮虫 | *B. calyciflorus* |
| 剪形臂尾轮虫 | *B. forficula* |
| 蒲达臂尾轮虫 | *B. budapestiensis* |
| 花箧臂尾轮虫 | *B. capsuliflorus* |
| 壶状臂尾轮虫 | *B. urceus* |
| 裂足轮虫 | *Schizocerca diversicornis* |
| 十指平甲轮虫 | *Platyias militaris* |
| 剑头棘管轮虫 | *Mytilina mucronata* |
| 腹棘管轮虫 | *M. ventralis* |
| 三角棘管轮虫 | *M. trigona* |
| 三翼须足轮虫 | *Euchlanis triquetra* |
| 透明须足轮虫 | *E. pellucida* |
| 梨状须足轮虫 | *E. piriformis* |
| 大肚须足轮虫 | *E. dilatata* |
| 裂痕龟纹轮虫 | *Anuraeopsis fissa* |
| 螺形龟甲轮虫 | *Keratela cochlearis* |
| 矩形龟甲轮虫 | *K. quadrata* |
| 曲腿龟甲轮虫 | *K. valga* |
| 唇形叶轮虫 | *Notholea labis* |

（续）

| 名　称 | 拉 丁 名 |
|---|---|
| 椎尾水轮虫 | *Epiphanes senta* |
| 臂尾水轮虫 | *E. brachionus* |
| 前额犀轮虫 | *Rhinoglena frontalis* |
| 腔轮科 | Lecanidae |
| 蹄形腔轮虫 | *Lecane ungulata* |
| 月形腔轮虫 | *L. luna* |
| 接趾腔轮虫 | *L. sibina* |
| 弯角腔轮虫 | *L. curvicornis* |
| 尖趾单趾轮虫 | *Monastyla cornuta* |
| 尖爪单趾轮虫 | *M. closterccerca* |
| 钝齿单趾轮虫 | *M. crenata* |
| 月形单趾轮虫 | *M. lunaris* |
| 囊形单趾轮虫 | *M. bulla* |
| 叉爪单趾轮虫 | *M. furcata* |
| 晶囊轮科 | Asplanchnidae |
| 卜氏晶囊轮虫 | *Asplanchna brightwelli* |
| 前节晶囊轮虫 | *A. priodonta* |
| 椎轮科 | Notommatidae |
| 一种椎轮科 | *Notommata* sp. |
| 一种前翼轮虫 | *Proales* sp. |
| 眼镜柱头轮虫 | *Eosphora najas* |
| 小链巨头轮虫 | *Cephalodella catellina* |
| 小巨头轮虫 | *C. exigna* |
| 凸背巨头轮虫 | *C. gibba* |
| 细长肢轮虫 | *Monommata longiseta* |
| 一种巨头轮虫 | *Cephalodella* sp. |
| 腹尾轮科 | Gastopodidae |
| 腹足腹尾轮虫 | *Gastropus hyptopus* |
| 柱足腹尾轮虫 | *G. stylifer* |
| 卵形彩胃轮虫 | *Chromogaster ovalis* |
| 没尾无柄轮虫 | *Ascomorpha ecaudis* |
| 异尾轮科 | Trichocercidae |
| 双齿同尾轮虫 | *Diurella bidens* |
| 对棘同尾轮虫 | *D. stylata* |
| 瓷甲同尾轮虫 | *D. porcellus* |
| 特异同尾轮虫 | *D. insignis* |
| 罗氏同尾轮虫 | *D. rousseleti* |
| 腕状同尾轮虫 | *D. brachyura* |
| 田奈同尾轮虫 | *D. dixon-nuttalli* |
| 一种异尾轮虫 | *Trichocerca* sp. |
| 圆筒异尾轮虫 | *T. cylindrica* |
| 刺盖异尾轮虫 | *T. capucina* |
| 长刺异尾轮虫 | *T. longiseta* |
| 鼠异尾轮虫 | *T. rattus* |
| 暗小异尾轮虫 | *T. pusilla* |
| 纵长异尾轮虫 | *T. elongata* |
| 二突异尾轮虫 | *T. bicristata* |
| 疣毛轮科 | Synchaetidae |
| 针簇多肢轮虫 | *Polyarthra trigla* |

（续）

| 名　称 | 拉 丁 名 |
|---|---|
| 长圆疣毛轮虫 | *Synchaeta oblonga* |
| 梳妆疣毛轮虫 | *S. pectinata* |
| 尖尾疣毛轮虫 | *S. stylata* |
| 截头皱甲轮虫 | *Ploesoma truncatum* |
| 镜轮科 | Testudinellidae |
| 盘状镜轮虫 | *Testudinella patina* |
| 拟三齿镜轮虫 | *T. paratridentata* |
| 沟痕泡轮虫 | *Pompholyx sulcata* |
| 扁平泡轮虫 | *P. complanata* |
| 长三肢轮虫 | *Filinia longiseta* |
| 跃进三肢轮虫 | *F. passa* |
| 较大三肢轮虫 | *F. maior* |
| 小三肢轮虫 | *F. minuta* |
| 脾状四肢轮虫 | *Tetramastix opoliensis* |
| 奇异六腕轮虫 | *Hexarthra mira* |
| 聚花轮科 | Conochilidae |
| 独角聚花轮虫 | *Conochilus unicornis* |
| 叉角拟聚花轮虫 | *Conochiloides dossuarius* |
| 胶鞘轮科 | Collothecodae |
| 敞水胶鞘轮虫 | *Collotheca pelagica* |
| 无常胶鞘轮虫 | *C. mutabilis* |
| 瓣状胶鞘轮虫 | *C. ornata* |
| 一种胶鞘轮虫 | *Collotheca* sp. |
| **枝角类** | |
| 薄皮溞属 | Leptodoridae |
| 透明薄皮溞 | *Leptodora kindti* |
| 仙达溞属 | Sididae |
| 晶莹仙达溞 | *Sida crystallina* |
| 短尾秀体溞 | *Diaphanosoma brachyurum* |
| 长肢秀体溞 | *D. leuchtebergianum* |
| 多刺秀体溞 | *D. sarsi* |
| 寡刺秀体溞 | *D. paucispinosum* |
| 大洋洲壳腺溞 | *Latonopsis australis* |
| 双棘伪仙达溞 | *Pseudosida bidentata* |
| 溞科 | Daphniidae |
| 隆线溞一亚种 | *Daphnia carinata* sp. |
| 透明溞 | *D. hyalina* |
| 溞状溞 | *D. pulex* |
| 平突船卵溞 | *Scapholeberis mucronata* |
| 老年低额溞 | *Simocephalus vetulus* |
| 拟老年低额溞 | *S. vetuloides* |
| 锯顶低额溞 | *S. serrulatus* |
| 方形网纹溞 | *Ceroidaphnia quadrangula* |
| 角突网纹溞 | *C. cornuta* |
| 美丽网纹溞 | *C. pulchella* |
| 微型裸腹溞 | *Moina micrura* |
| 近亲裸腹溞 | *M. affinis* |
| 象鼻溞科 | Bosminidae |
| 长额象鼻溞 | *B. longirostris* |

（续）

| 名 称 | 拉 丁 名 |
| --- | --- |
| 见弧象鼻溞 | *B. coregoni* |
| 颈沟基合溞 | *Bosminiopsis deitersi* |
| 粗毛溞科 | *Macrothricidae* |
| 底栖泥溞 | *Ilyocryptus sordidus* |
| 活泼泥溞 | *I. agilis* |
| 寡刺泥溞 | *I/spinifer* |
| 粉红粗毛溞 | *Macrothrs rosea* |
| 盘肠溞科 | Chydoridae |
| 方形尖额溞 | *Alona quadrangularis* |
| 肋形尖额溞 | *A. costata* |
| 点滴尖额溞 | *A. guttata* |
| 矩形尖额溞 | *A. rectangula* |
| 隅齿尖额溞 | *A. karua* |
| 镰角锐额溞 | *Alonella excisa* |
| 吻状锐额溞 | *A. rostrata* |
| 镰吻弯额溞 | *Rhynchotalona falcata* |
| 龟状笔纹溞 | *Graptoleberis tcstudinaria* |
| 无刺大尾溞 | *Leydigia acanthocercodes* |
| 方形大尾溞 | *L. quadrangularis* |
| 钩足平直溞 | *Pleuroxus hamulatus* |
| 矛状平直溞 | *P. laevis* |
| 肋纹平直溞 | *P. striatus* |
| 棘突靴尾溞 | *Dunhevedia crassa* |
| 圆形盘肠溞 | *Chydorus sphaericus* |
| 卵形盘肠溞 | *C. ovalis* |
| 球形盘肠溞 | *C. globosus* |
| 锯唇盘肠溞 | *C. barroisi* |
| 侧扁盘肠溞 | *C. latus* |
| 异形单眼溞 | *Monospilus dispar* |
| **桡足类** | |
| 白色大剑水蚤 | *Macrocyclops albides* |
| 锯缘真剑水蚤 | *Eucyclops serrulatus* |
| 如愿真剑水蚤 | *E. speratus* |
| 近邻剑水蚤 | *Cyclops vicinus* |
| 草绿刺剑水蚤 | *Acanthocyclops viridis* |
| 跨立小剑水蚤 | *Microcyclops varicans* |
| 广布中剑水蚤 | *Mesocyclops leuckarti* |
| 透明温剑水蚤 | *Thermocyclops hyalinus* |
| 台湾温剑水蚤 | *T. taihokuensis* |
| 汤匙华哲水蚤 | *Sinocalanus dorrii* |
| 球状许水蚤 | *Schmackeria foresi* |
| 右突新镖水蚤 | *Neodiaptomus schmackeri* |
| 长江新镖水蚤 | *N. yangsekiangensis* |
| 特异荡镖水蚤 | *Neutroditapomus incongruens* |
| 中华原镖水蚤 | *Eodiaptomus sinesis* |

#### 4.1.1.3 底栖动物

东湖底栖动物据记载，寡毛类 18 种，隶属 2 科 14 属；水生昆虫 54 种，隶属 25 科 54 属；软体动物 41 种，隶属 10 科 20 属；合计 37 科 88 属 113 种（刘建康，1990）。

**表 4-3　东湖底栖动物名录**

| 名　　称 | 拉　丁　名 |
|---|---|
| **环节动物** | **ANNELIDA** |
| **毛足纲** | **Chaetopoda** |
| **寡毛目** | **Oligochaeta** |
| **仙女虫科** | **Naididae** |
| 盘缠毛腹虫 | *Chaetogaster* |
| 普通仙女虫 | *Nais communis* |
| 豹行仙女虫 | *Nais pagdalis* |
| 简明仙女虫 | *Nais seniplex* |
| 参差仙女虫 | *Nais variabilis* |
| 尖头杆吻虫 | *Stylaria fossularis* |
| 多突懒皮虫 | *Slavina appendiculata* |
| 印西头鳃虫 | *Braachiodrilus hortensis* |
| 指鳃尾盘虫 | *Dero gatorydigitata* |
| 叉形管盘虫 | *Aulophorus furculus* |
| 特城泥盲虫 | *Stephensoniana trivandrana* |
| 等毛吻盲虫 | *Pristina aquiseta* |
| 长毛吻盲虫 | *Pristna longiseta* |
| **颤蚓科** | **Tubificidae** |
| 多毛管水蚓 | *Aulodrilus pluseta* |
| 中华河蚓 | *Rhyacodrilus sinicus* |
| 尼氏癞颤蚓 | *Peloscolex nikolskyi* |
| 霍普水丝蚓 | *Limodrilus hoffmeisteri* |
| 苏氏尾鳃蚓 | *Branchiura sowerbyi* |
| **昆虫纲** | **Insecta** |
| **蜉蝣目** | **Ephemeroptera** |
| **四节蜉科** | **Baetide** |
| 四节蜉 | *Baetis* |
| **细蜉科** | **Caenidae** |
| 细蜉 | *Caenis* |
| **蜻蜓目** | **Odonata** |
| **虫忽科** | **Caenagridae** |
| 虫忽 | *Caenagrion* |
| 瘦虫忽 | *Ichnuro* |
| **蜓科** | **Aeschnidue** |
| 蜓 | *Aeschna* |
| **蜻科** | **Libellulidae** |
| 赤足 | *Sympetrum* |
| 黄蜻 | *Pantala* |
| **半翅目** | **Hemiptera** |
| **蝎蝽科** | **Neidae** |
| 蝎蝽 | *Nepa* |
| 螳蝽 | *Ranatra* |
| **田鳖科** | **Belostomatidae** |
| 负子蝽 | *Snhaerodema* |
| 田鳖 | *Kirkaldyio* |
| **松藻虫科** | **Notonectidae** |
| 松藻虫 | *Notonecta* |
| **划蝽科** | **Corixidae** |
| 划蝽 | *Corixa* |

（续）

| 名　称 | 拉 丁 名 |
|---|---|
| **水黾科** | **Gerridae** |
| 水黾 | *Gerris* |
| **鳞翅目** | **(Lepidoptera)** |
| | **Pyralididae** |
| 稻田螟 | (*Nymphula*) |
| **鞘翅目** | **(Coleoptera)** |
| **豉虫科** | **(Gyrinidae)** |
| 豉虫 | (*Gyrinus*) |
| **牙岬科** | **(Hydrophilidae)** |
| 牙岬 | (*Hydropphilus*，*Enochrus*) |
| **龙虱科** | **(Dytiscidae)** |
| 龙虱 | (*Dytiscus*) |
| 庆龙虱 | (*Eretes*) |
| **叶岬科** | **(Chrysomelidae)** |
| 食根叶岬 | (*Domacia*) |
| 金花虫 | (*Haemonia*) |
| | Psepheridae |
| | *Psepherus* |
| **脉翅目** | **(Nneuroptera)** |
| **长牙蛉科** | **(Osmylidae)** |
| 长牙蛉 | (*Osmylus*) |
| **双翅目** | **(Diptera)** |
| **蠓科** | **(Ceratopogonidae)** |
| 库蠓 | (*Culicoides*，*Palpomyia*) |
| **蚊科** | **(Culicidae)** |
| 幽蚊 | (*Chaoborus*) |
| **虻科** | **(Tabanidae)** |
| | *Chrysops* |
| **摇蚊科** | **(Chironomidae)** |
| 菱附摇蚊 | *Clinotanypus* |
| 前突摇蚊 | *Procladius* |
| 粗腹摇蚊 | *Pelopia* |
| 环足摇蚊 | *Cricotopus* |
| 直突摇蚊 | *Orthocladius* |
| 密施摇蚊 | *Smittia* |
| 摇蚊 | *Chironimus* |
| 五足摇蚊 | *Pentapedilum* |
| 沼摇蚊 | *Limnochironomus* |
| 劳特摇蚊 | *Lauterborniella* |
| 多足摇蚊 | *Polypedilum* |
| 雕翅摇蚊 | *Glyptotendipe* |
| 哈尼摇蚊 | *Harnischia* |
| 隐摇蚊 | *Cryptochironmus* |
| 长附摇蚊 | *Tanytarsus* |
| 流水长附摇蚊 | *Calopsectra* |
| **毛翅目** | **(Trichoptera)** |
| **小石蛾科** | **(Hydroptilidae)** |
| | *Hydroptila*，(*Orthotrichia*) |
| **多距石蛾科** | **(Polycentropidae)** |

（续）

| 名　称 | 拉 丁 名 |
|---|---|
| | （*Dipseudopsis*，*Kyopsyche*） |
| **管石蛾科** | **（Psychomyiidae）** |
| | *Ecnomus* |
| **长角石蛾科** | **（Leptoceridae）** |
| | *Triaenodes* |
| | *Mystacides* |
| | *Triplectides* |
| | *Setodes* |
| | *Oecetis* |
| | *Oecetinella* |
| **腹足纲** | **Gastropoda** |
| **椎实螺科** | **（Limnaeidae）** |
| 长萝卜螺 | *Radix perger* |
| 狭萝卜螺 | *Radix lagotis* |
| 克氏萝卜螺 | *Radix clessini* |
| 折迭萝卜螺 | *Radix plicatula* |
| 斯氏萝卜螺 | *Radix swinhoei* |
| 小土蜗 | *Galba peruia* |
| 截口土蜗 | *Galba trunostula* |
| **扁卷螺科** | **Planorbidae** |
| 白旋螺 | *Gyraulus albus* |
| 扁旋螺 | *Gyraulus comperssus* |
| 卓著圆扁螺 | *Hippeutis distinctus* |
| 北京圆扁螺 | *Hippeutis peipinensis* |
| 半球隔扁螺 | *Segmentina hemispnaerula* |
| 光亮隔扁螺 | *Segmentina* （*nitidella*） |
| **琥珀螺科** | **（*Succineidae*）** |
| 湖栖螺 | （*Succines sp.*） |
| **田螺科** | **（Viviparidae）** |
| 中国圆田螺 | *Cipungopaludina chinensis* |
| 铜锈环棱螺 | *Bellamya aeruginosa* |
| 梨形环棱螺 | *Bellamya purificata* |
| 角型环棱螺 | *Bellamya angularie* |
| 双旋环棱螺 | *Bellamya dispiralis* |
| **觿螺科** | **Hydrobiidae** |
| 长角涵螺 | *Alocinma longicornis* |
| 纹沼螺 | *Parafossarulus striatulus* |
| 赤沼螺 | *Parafossarulus fuchsiana* |
| 微绿沼螺 | *Parafossarulus viridescens* |
| 光滑狭口螺 | *Stenothyra glabra* |
| 尊主狭口螺 | *Stenothyra divalis* |
| **黑螺科** | **Melaniidae** |
| 方格短沟蜷 | *Semisulcospira cancellata* |
| **瓣鳃纲** | |
| **珠蚌科** | **Unionidae** |
| 蚶形无齿蚌 | *Anodonta arcaeformis* |
| 背角无齿蚌 | *Anodonta woodiana* |
| 园背无齿蚌 | *Anodonta pacifica* |
| 椭圆背角无齿蚌 | *Anodonta elliptica* |

（续）

| 名 称 | 拉 丁 名 |
| --- | --- |
| 圆顶珠蚌 | *Unio douglaniae* |
| **蚬科** | **Corbiculidae** |
| 河蚬 | *Corbicula fluminea* |
| **球蚬科** | ***Sphaeriidae*** |
| 湖球蚬 | *Sphaerium lacustre* |
| 沼泽豆蚬 | *Pisidium casertanum* |

#### 4.1.1.4 水生植物

东湖水生植物的研究以 20 世纪 50 年代的湖泊普查开始（饶钦止等，1956）；后继的工作主要为 50 年代初有关植物区系的调查，60 年代初水生植物生物量及其合理利用，70 年代有关水生植物群落的结构和动态，80 年代开始进行的东湖生态系统的研究最具代表性（周凌云等，1963；陈洪达等，1975；1980；刘建康，1990；1995），以上研究共发现水生植物 52 种。

**表 4-4 东湖水生植物名录**

| 名 称 | 拉 丁 名 |
| --- | --- |
| 萍 | *Marsilea quadrifolia* L. |
| 满江红 | *Azolla imbricata* (Roxb. ) Nak. |
| 槐叶萍 | *Salvinia natans* (L. ) All. |
| 水蓼 | *Polygonum hydropiper* L. |
| 酸模叶蓼 | *P. lapathifolium* L. |
| 芡 | *Euryale ferox* Saliab. |
| 莲 | *Nelumbo nucifera* Gaertn. |
| 金鱼藻 | *Ceratophyllum demersum* L. |
| 石龙芮 | *Ranunculus sceleratus* L. |
| 双角菱 | *Trapa bispinosa* Roxb. |
| 菱 | *T. natans* L. |
| 野菱 | *T. incisa* Sieb. et Zucc. |
| 格菱 | *T. pseudoincisa* Nak. |
| 冠菱 | *T. litwinowii* Vassil. |
| 穗花狐尾藻 | *Myriophyllum spicatum* L. |
| 金银莲花 | *Nymphoides indica* (L. ) Kuntze |
| 荇菜 | *N. peltata* (Gmel. ) Kuntze |
| 茶菱 | *Trapella sinensis* Oliv. |
| 黄花狸藻 | *Utricularia aurea* L. |
| 狭叶香蒲 | *Typha angustifolia* L. |
| 菹草 | *Potamogeton crispus* L. |
| 竹叶眼子菜 | *P. malaianus* Mig. |
| 慈菇 | *Sagittaria trifolia* L. |
| 水鳖 | *Hydrocharis dubia* (BL. ) Back |
| 黑藻 | *Hydrilla verticillata* (L. f) Royl |
| 小茨藻 | *Najas minor* All. |
| 草茨藻 | *N. graminea* Del. |
| 大茨藻 | *N. marina* L. |
| 东方茨藻 | *N. orientalis* Triest et Uotila. |
| 翅果苦草 | *Vallisneria spinulosa* Yan. |
| 密翅苦草 | *V. denseserrulata* (Mak. ) Mak. |
| 苦草 | *V. natans* (Lour. ) Hara |
| 菵草 | *Beckmannia syzigachne* (Steud. ) Fern. |

（续）

| 名　称 | 拉 丁 名 |
|---|---|
| 稗 | *Echinochla crusgalli*（L.）beauv. |
| 芦苇 | *Phragmites communis* Trin |
| 菰 | *Zizania latifolia*（Griseb.）Turcz. |
| 水莎草 | *Juncellus serotinus*（Rottb.）Clarke |
| 牛毛毡 | *Eleocharis yokoscensis* Tang et Wang |
| 龙师草 | *E. tetraquetra* Nees |
| 荸荠 | *E. tuberosa*（Roxb.）Koem et Schult. |
| 水葱 | *Scripus tabernaemontani* Gmel. |
| 荆三棱 | *S. yagara* Ohwi. |
| 水毛花 | *S. triangulatus* Roxb. |
| 藨草 | *S. triqueter* L. |
| 菖蒲 | *Acorus calamus* L. |
| 浮萍 | *Lemna minor* L. |
| 紫萍 | *Spirodela polyrrhiza*（L.）Schleid |
| 芜萍 | *Wolffia arrhiza*（L.）Horkl. ex Wimmer |
| 雨久花 | *Monochoria korsakowii* Regel. et Macck. |
| 鸭舌草 | *M. vaginalia*（Burm. f.）presl |
| 凤眼莲 | *Eichhornia crassipes*（Mart.）Solms. |
| 喜旱莲子草 | *Alternanthera philoxeroides*（Mart.）Griseb. |

#### 4.1.1.5 鱼类

根据20世纪70年代至80年代的调查，东湖共发现鱼类38种，隶属于5目10科，主要为鲤科鱼类28种，占73.7%（刘建康，1995）。

**表4-5 东湖鱼类名录**

| 名　称 | 拉 丁 名 |
|---|---|
| **鳗鲡目** | **Anguilliformes** |
| **鳗鲡科** | **Anguillidae:** |
| 鳗鲡 | *Anguilla japonica* Temminck et Schlegel |
| **鲤形目** | **Cypriniformes** |
| **鲤科** | **Cyprinidae** |
| 青鱼 | *Mylopharyngodon piceus*（Richardson） |
| 草鱼 | *Ctenopharyngodon idellus*（Curier et Valenciennes） |
| 赤眼鳟 | *Sqaliobarbus curriculus*（Richardson） |
| 鳡 | *Elopichthys bumbusa*（Richardson） |
| 银飘鱼 | *Pseudolaubuca sinensis* Bleeker |
| 鳘 | *Hemiculter leucisculus*（Basilewsky） |
| 红鳍原鲌 | *Cultrichthys erythropterus*（Basilewsky） |
| 达氏鲌 | *Culter dabryi dabryi*（Bleeker） |
| 蒙古鲌 | *Culter mongolicus mongolicus*（Basilewsky） |
| 翘嘴鲌 | *Culter alburnus*（Bleeker） |
| 鳊 | *Parabramis pekinensis*（Basilewsky） |
| 团头鲂 | *Megalobrama amblycephala* Yih |
| 黄尾鲴 | *Xenocypris davidi* Bleeker |
| 细鳞斜颌鲴 | *Xenocypris microlipis* Bleeker |
| 似鳊 | *Pseudobrama simoni*（Bleeker） |
| 兴凯鱊 | *Acheilognathus chankaensis* Dybowski |
| 斑条鱊 | *Acheilognathus taenianalis*（Günther） |

（续）

| 名　称 | 拉　丁　名 |
|---|---|
| 花䱻 | *Hemibarbus maculates* Bleeker |
| 似刺鳊鮈 | *Paracanthobrama guichenoti* Bleeker |
| 麦穗鱼 | *Pseudorasbora parva* (Temminck et Schlegel) |
| 棒花鱼 | *Abbottina rivularis* (Basilewsky) |
| 黑鳍鳈 | *Sarcocheilichthys nigripinnis nigripinnis* (Günther) |
| 华鳈 | *Sarcocheilichthys sinensis sinensis* Bleeker |
| 银鮈 | *Squalidus argentatus* (Sauvage et Dabry) |
| 鲢 | *Hypophthalmichthys molitrix* (Cuvier et Valenciennes) |
| 鳙 | *Aristichthys nobilis* (Richardson) |
| 鲤 | *Cyprinus* (*c.* ) *carpio* Linnacus |
| 鲫 | *Carassius auratus auratus* (Linnacus) |
| 泥鳅 | *Misgurnus anguillicaudatus* (Cantor) |
| **鲇形目** | **Siluriformes** |
| **鲿科** | **Bagridae** |
| 黄颡鱼 | *Pelteobagrus fulvidraco* (Richardson) |
| **合鳃鱼目** | **Synbranchiformes** |
| **合鳃科** | **Symbranchidae** |
| 黄鳝 | *Monopterus albus* (Zuiew) |
| **鲈形目** | **Perciformes** |
| **鮨科** | **Serranidae** |
| 鳜 | *Siniperca chuatsi* Basilewsky |
| **塘鳢科** | **Eleotridae** |
| 沙塘鳢 | *Odontobutis obscura* (Temminck et Schlegel) |
| 黄蚴 | *Hypseleotris swinhonis* (Günther) |
| **鰕虎科** | **Gobiidae** |
| 子陵栉鰕虎 | *Ctenogobius giurinus* (Rutter) |
| **鳢科** | **Channidae** |
| 乌鳢 | *Channa argus* (Cantor) |
| **刺鳅科** | **Mastacembelidae** |
| 刺鳅 | *Mastacembelus aculeatus* (Basilewsky) |

### 4.1.2　生物群落种类组成特征

武汉东湖为城市内典型的浅水湖泊，生物群落构成了东湖湖泊生态系统的重要组成部分，本数据集的生物群落主要包括以下内容：浮游植物（主要描述蓝藻门、绿藻门和硅藻门）、浮游动物（主要包括原生动物、轮虫、枝角类和桡足类）、底栖动物（主要包括软体动物、寡毛类、水生昆虫和其他动物）、微生物（主要描述细菌）、水生高等植物和鱼类等。

由于武汉东湖是一个小型水体，不同样点之间反映的差异不显著，故本数据集反映的东湖所有监测样点的平均值。此外，近 20 年来，由于持续投放以浮游生物为食性的滤食性鱼类（鲢、鳙）为主体，导致东湖蓝藻水华至今未出现。统计结果表明鱼类结构主要为鲢、鳙，占据了东湖渔获物产量的95%以上，因此，鱼类群落组成和特征不作描述。

下面就生物群落结构和特征数据的获取方法简要介绍如下：

#### 4.1.2.1　浮游植物的种类组成与现存量

浮游植物是生态学范畴上的类群，包括所有生活在水中营浮游生活方式的微小植物，是湖泊中主要初级生产者，在水生态系统中具有重要地位。按浮游植物种类鉴定的常规方法对采到的优势种要求鉴定到种，一般到属。疑难种类要保存标本以备进一步鉴定。浮游植物不同种类的个体大小相差悬殊，因此用数量表示现存量。由于浮游植物的个体太小，很难直接称量。所以一般都通过计数和测量体积，按比重为 1 进行换算。体积的测定可根据现成的资料换算。但各种浮游植物体积因地区、季节等的不同而有较大变化；而且现成资料也不可能包括所有种类，所以最好由研究者自己进行实际的体积测定；对于那些数量多或体积大的种类，更应自己测定。根据章宗涉和黄祥飞（1991）编著的《淡水浮游生物研究方法》(科学出版社)。具体分析步骤如下：

（1）浮游植物采样：水样用5L采水器采集，分别在表层和底层采样，等量混合后取1L。

（2）浮游植物样品的固定：样品立即用鲁哥氏液固定，用量为水样体积的1%～1.5%。

（3）浮游植物水样的沉淀和浓缩：水样带回室内，用沉淀器浓缩，定容到30～50ml。

（4）浓缩方法：摇匀水样，倒入固定在架子上的1 000ml沉淀器中，经2h后，将沉淀器轻轻旋转一会，使沉淀器壁上尽量少附着浮游植物，再静置24h。充分沉淀后，用虹吸管慢慢吸去上清液，虹吸时，管口应始终低于水面，流速，流量不可大。吸至澄清液的1/3时，应逐渐减缓流速，至留下含沉淀物的水样30～40ml，放入50ml的定量样品瓶中，用吸出的少量上清液冲洗沉淀器2～3次，一并放入样品瓶中。定容到30～50ml。沉淀和虹吸过程必须避免摇动，不应吸出浮游植物，如搅动了底部应重新沉淀。

（5）种类鉴定：优势种类应鉴定到种，其他种类至少应鉴定到属。种类鉴定除应用定性样品进行观察外，微型浮游生物还可吸取定量样品进行观察。如用定量样品先作定性观察，则应在镜检后将样品洗回样品瓶中，且防止样品的混杂污染。

（6）计数：

第1步：摇匀定量样品，迅速吸出0.1ml置于0.1ml计数框内（面积20mm×20mm）。盖上盖玻片后，计数框内应无气泡，也不应有水样溢出。

第2步：应用视野法计算．首先应用台微尺测量所用显微镜在一定放大倍数下的视野直径，计算出面积。计数的视野应均匀分布在计数框内，视野数目一般为100～300个，应保证计数到的浮游植物总数至少达100个以上。每瓶样品计数2次，取平均值。每次结果与平均数之差应不大于±15%，否则应计数第三次。

第3步：计数单位用细胞个数表示，对不易用细胞数表示的群体或丝状体，可求出平均细胞数。1L水样中浮游植物的数量按下式计算：

$$N=\frac{C_s}{F_sF_n}\frac{V}{v}P_n$$

式中 $N$——1L水样中浮游植物的数量，个/L；

$C_s$——计算框面积，$mm^2$；

$F_s$——视野面积，$mm^2$；

$F_n$——每片计数过的视野数；

$V$——1L水样经浓缩后的体积，ml；

$v$——计数框容积，ml；

$P_n$——计数所获得的个数，个。

（7）生物量的计算：可采用体积换算为生物量（湿重）的方法，比重取1。体积的测定应根据浮游植物的体型，按最近似的几何形状测量必要的长度、高度、直径等。每一种类至少随机测定50个，求出平均值，代入相应的求积公式计算出体积。有的种类形状较特殊，可分解为几个部分，分别按相应公式计算后相加。量大或体积大的种类应尽量实测体积并计算平均重量。

#### 4.1.2.2 浮游动物的种类组成与现存量

浮游动物的组成十分复杂，但在淡水水域中主要由原生动物、轮虫、枝角类和桡足类四大类水生无脊椎动物组成。在获得的浓缩样品中取部分子样品，并通过显微镜计数获得其中浮游动物数后再乘以相应的倍数获得单位体积（一般为1L、$1m^3$）中浮游动物数量（丰度）。再根据近似几何图形测量长、宽、厚，并通过求积公式计算出生物体积，并假定密度为1则获得生物量。

根据《水域生态系统监测规范》，主要方法如下：

(1) 样品采集：原生动物和轮虫一般跟浮游植物样品同步进行，甲壳动物根据实际情况过滤水样10L、20L或50L或更多，浓缩至30～50ml。

(2) 样品的固定：采得的水样应立即加以固定，以杀死水样中浮游动物和其他生物。固定剂用碘液。固定剂用量为水样的1%，即1L水样中加10ml左右，使水样呈棕黄色即可。需长期保存的样品，再在水样中加入5ml左右的甲醛溶液。

(3) 样品的浓缩：把水样中的浮游动物浓缩到小的体积中，一般采用沉淀或过滤两种方法。

沉淀法：操作方法与浮游植物定量样品的沉淀方法相同。即在筒形分液漏斗中沉淀24～48h后，吸取上层清液，把沉淀浓缩样品放入试剂瓶中，最后定量为30ml或50ml。一般原生动物和轮虫的计数可与浮游植物的计数合用一个样品。

过滤法：甲壳动物一般个体较大，在水体中的丰度也较低，故要用浮游生物网。过滤较多的水样才有较好的代表性。在此，有两点值得注意：首先必须用孔径为64$\mu$m的浮游生物网作过滤网；其次，应当有过滤网和定性网之分。避免用捞定性样品的网当作过滤网。在不得已的情况下，一定要先作定量样品，后采定性标本。如果再次过滤样品时，一定要反复洗净方可应用。用孔径为64$\mu$m的网过滤的水样，不能当作计数原动物或轮虫的定量样品之用。在野外采集时，必须遵循先采定量样品，后采定性标本的原则。

(4) 种类鉴定：按鉴定浮游动物种类常规方法鉴定样品的种类，优势种类鉴定到种，一般种类鉴定到属，一些疑难种类应保存好标本，以待进一步鉴定。

(5) 计数：计数原生动物和轮虫分别用0.1ml和1ml计数框。甲壳动物一般全部计数。

原生动物、轮虫的计数：计数时，沉淀样品要充分摇匀，然后用定量吸管吸0.1ml注入0.1ml计数框中，在10×20的放大倍数下计数原生动物；吸取1ml注入1ml计数框中，在10×10的放大倍数下计数轮虫。一般计数两片，取其平均值。

甲壳动物的计数：甲壳动物指枝角类、桡足类。取10～50L水样，用25号浮游生物网（孔径为64$\mu$m）过滤，把过滤物放入标本瓶中。在计数时，根据样品中甲壳动物的多少分若干次全部过数。如果在样品中有过多的藻类，则可加伊红（Eosin-Y）染色。

(6) 生物量测算：由于浮游动物大小相差极为悬殊，因此不分大小、类别而只列出一个浮游动物总数有较大的片面性，它不能客观地评价水体的供饵能力。以一般湖泊而言，若以个体数表示，原生动物占绝对多数，而甲壳动物所占的比例一般仅为10%以下；若以生物量表示，则原生动物所占比例相对来说较低，而甲壳动物较高。为了正确地评价浮游动物在水生态系结构、功能和生物生产力中的作用，生物量的测算显得尤为必要。目前，测定原生动物和轮虫的生物量主要为体积法，即把生物体视为一个近似几何图形，按求积公式获得生物体积，并假定比重为1，这就得到质量。甲壳动物的生物量测定主要为质量法。

i. 原生动物体积近似计算公式：

$$V=0.52\times a\times b^2$$

式中：$V$——原生动物体积，$\mu m^3$；

$a$——体长，$\mu$m；

$b$——体宽，$\mu$m。

ii. 轮虫体积近似计算公式：轮虫的体形有圆形、椭圆形、球形、矩形、锥形等，在活体情况下，在实体显微镜下将所需的轮虫种类用毛细管吸出，放在载玻片上，加入适量的麻醉剂（如苏打水），使其呈麻醉状态；或将玻片上的水徐徐吸去，吸到轮虫仅能作微小范围运动为止，然后把载玻片放在显微镜下（不加盖玻片），用目测微尺测量其长和宽；轮虫的厚度亦可通过显微镜微调进行近似测量。

iii. 甲壳动物质量的测定方法：把新鲜的或用福尔马林固定的标本（如为固定标本，则需在水中漂洗1h），通过不同孔径的铜筛作初步分级，筛选出不同的长度组。然后在解剖镜下，仔细挑选体型正常，长度接近的个体集中在一起，枝角类测量从头部顶端（不含头盔）至壳刺基部长度；桡足类则测量从头部顶端至尾叉末端的长度，把同一长度组的个体放在已称至恒量的已编号薄玻片上（玻片越轻越好）。根据个体的大小确定称量个体的数目，一般为30～50个，体长小于0.8mm的个体则称量150个以上。如有精度为0.1g的电子天平，则称量个体可适当减少。把待称量的标本选好后，用滤纸吸到没有水痕的程度，迅速在天平上先称其湿量；后在恒温干燥箱中（70℃左右）干燥24h后，再放在干燥器中2h，然后把样品再放在天平上称其干量，并应用统计方法获得相应的体长—质量回归方程式。

iii. 结果计算

$$N=\frac{V_s\times n}{V_a\times V}$$

式中：$N$——1L水中浮游动物个体数，ind·$L^{-1}$；

$V$——采样体积，L；

$V_s$——沉淀体积，ml；

$V_a$——计数体积，ml；

$n$——计数所获得的个体数，ind。

无节幼体如在1L沉淀样品中计数，则和轮虫一样换算；如在20L过滤样品中分次级样品计数，则按相应的倍数进行换算。测定结果用ind·$L^{-1}$表示，不要小数。

#### 4.1.2.3 底栖动物的种类组成与现存量

底栖动物是指生活在湖底部的、肉眼一般可见的动物群落。它包括动物界中许多门、纲、目的种类，在水体生态系统中有很大的作用。多数种类可作为经济动物的食物，部分又直接作为捕捞对象，在湖泊中底栖动物主要包括水生寡毛类（水蚯蚓等）、软体动物（螺蚌等）和水生昆虫幼虫（摇蚊幼虫等）。底栖动物现存量是指单位体积或单位面积底泥中所存在各类底栖动物的数量（密度）或质量（生物量）。

根据《水域生态系统监测规范》，主要方法如下：

（1）采样与洗涤：用1/16m²或1/40m²改良的彼得生采泥器进行采集。当采泥器在采样点中采样后，底栖动物与底泥、腐屑等混为一体，必须洗涤后才能进行检测。洗涤工作通常采用三个不同孔径的金属筛（上层孔径为5～10mm，中层为1.5～2.5mm，下层为0.5mm），用水缓缓冲洗。冲洗中泥沙常常堵塞筛孔，千万不可用手去压磨，只宜用毛笔、刷子、小棍等轻轻搅动；也可在盆或桶内筛荡。筛洗、澄清后，将获得的底栖动物及其腐屑等剩余物装入塑料袋，并同时放进标签（注明：编号、采样点、时间等），用橡皮筋扎紧袋口，带回实验室作进一步分检工作；也可用由不同网目组成的尼龙袋进行洗涤；如果在野外时间紧张，亦可将泥样放入塑料袋中带回实验室洗涤。

当用带网采泥器获得泥样后可在水中剧烈洗荡，洗净后再提到作业船上，检出全部样本，装入塑料袋，带回室内再进行工作。如使用拖网作定量时，一定要记录拖位的距离，以便计算面积。

带回洗涤好的或未曾洗涤的样品，因时间关系不能立即进行分检工作的，应将样品放入冰箱（0℃），或把塑料袋口打开，置于通风、凉爽处，以防止样品中底栖动物在环境改变后的突然死亡与昆虫迅速羽化，造成数量上的损失。

（2）分样：大型底栖动物，经洗净污泥后，在工作船上即可进行分样，在室内即可按大类群分别进行称量与数量的记录。与泥沙，腐屑等混在一起的小型动物，如水蚯蚓、昆虫幼虫等，则需在室内进行仔细的分样过程中，将洗净的样品置入白色盘中，加入清水，利用尖嘴镊、吸管、毛笔、放大镜等工具进行工作，挑选出的各类动物，分别放入已装好固定液的指管瓶中，直到采样点采集到的标本全部检完为主。在指管瓶外贴上标签，瓶内亦放入一标签，其内容与塑料袋内的标签一致，最后将瓶盖紧保存。

（3）标本的固定：底栖动物中的水蚯蚓，在固定前，首先麻醉，其理想而有效的麻醉方法为：标本置于玻皿中，加少量水，用75%乙醇1～2滴，每隔5～10min再加1～2滴，一直至虫体完全麻醉，然后移入固定剂中，24h后，再移入乙醇中保存。对环节动物如只作单纯的定量分析，亦可直接投入 7%甲醛中固定，然后再移入乙醇中保存。

软体动物中螺、蚌，固定前先在 50℃左右热水中将其闷死，在蚌壳张口处（螺厣、壳口间）塞入一小木片，然后向内脏团中注射 7%的甲醛，再在 7%甲醛中固定 24h，然后移入乙醇中保存。对小型螺、蚌则可不必将固定剂注射入内脏，可用热水闷死待壳张开后则可固定。因对螺、蚌的分类多依外壳上特征进行，所以可去掉内脏，留空壳保存。

水生昆虫，如无特殊需要，一般均为直接投入 7%甲醛中固定，24h 后再移入乙醇中保存。固定液须为动物体积的 10 倍以上，否则应在 2～3d 后更换一次。

（4）种类鉴定：按底栖动物种类常规鉴定方法鉴定样品的种类，软体动物和水栖寡毛类的优势种应鉴定到种；摇蚊科幼虫鉴定到属，水生昆虫等鉴定到科。对于疑难种类应有固定标本，以便进一步分析鉴定。

水栖寡毛类和摇蚊幼虫等应先制片，然后在解剖镜或显微镜下观察鉴定，一般用甘油做透明剂。如需保留制片，可用加拿大树胶或普氏胶（Puris）封片。封片时先滴一、二滴加拿大树胶或普氏胶在载玻片上（胶的用量要适当），避免产生气泡。

（5）计数：把每个采样点所采到的底栖动物按不同种类准确地统计个体数，再根据采样器的开口面积推算出 $1m^2$ 内的数量，包括每种的数量和总数量。

（6）称量：小型种类，如水蚯蚓、摇蚊幼虫等，可将它们从保存剂中取出，放在吸水纸上轻轻翻动，以吸去标本上附着的水分，然后置于感量为 10～2g 或 10～3g 的天平上称量。先称得各采集点的总量，然后分类称量，其数据代表固定后的湿量。大型种类，如螺、蚌等，虽可放置数日不死，但它不断失去水分影响数值，所以亦需同时称量，它可用托盘天平或电子天平即可。其数值为带壳湿量，记录时应加注予以说明。

（7）结果计数：把计数和称量获得的结果换算为每 $m^2$ 面积上的个数（$ind/m^2$）或生物量（$g/m^2$）。

#### 4.1.2.4　细菌总数

平板计数法是目前较常用的方法。取若干不同稀释度的水样，经在营养琼脂培养基 37℃恒温下，培养 24h 后，计数出培养基上生长出的菌落数，再换算成细菌现存量。

根据《水域生态系统监测规范》，主要方法如下：

（1）测定步骤：以无菌操作方法采取 50～100ml 水样。样品带回实验室后注入灭过菌盛有玻璃珠的空三角瓶中，旋转振荡 10min（注意勿弄湿无菌棉塞），使细菌在水样中分布均匀。

用灭菌刻度吸管吸取 10ml 上述振荡过的水样，注入盛有 90ml 灭菌蒸馏水的三角瓶中，充分混匀成 1∶10 稀释液。

吸取 1∶10 稀释液 1ml 注入盛有 9ml 灭菌水的试管中，混匀成 1∶100 稀释液。按同法依次稀释成 1∶1 000、1∶10 000 等稀释液备用。吸取不同浓度的稀释液时必须更换吸管。

用 1ml 灭菌吸管吸取 2～3 个适宜浓度的稀释液 1ml，分别注入灭菌平皿中，倾注约 15ml 已融化并冷却至 45℃左右的营养琼脂培养基于上述平皿中，并立即旋转平皿，使水样与培养基充分混匀。每个稀释度水样应同时倾注三个平皿。每次检验时须另用一个平皿只倾注营养琼脂培养基作为空白对照。

待平皿内琼脂培养基冷却凝固后，翻转平皿，使底面向上，置于 37℃恒温箱内培养 24h，取出平皿进行菌落计数，三个平皿中的平均菌落数即为 1ml 不同稀释度水样中的细菌总数。

（2）结果计算：作平板细菌菌落计数时，可用肉眼观察，必要时可用放大镜与手揿计数器，在各平板菌落计数后，求出同稀释度的平均菌落数。在求同稀释度平均菌落数时，若其中一个平板上有较大片状菌落生长时，则不宜采用；若片状菌不到平板面积的一半，而片状菌落以外的单菌落分布又很均匀，则可将这部分的菌落数相加后作为全平板的菌落数。各种不同情况的计算方法如下：

首先选择平均菌落数在 30～300 个之间者进行计算，当只有一个稀释度的平均菌落数符合此范围时，则即以该平均菌落数乘其稀释倍数报告之。

若有两个稀释度，其平均菌落数均在 30～300 个之间，则应按两者菌落总数之比值来决定。若其比值小于 2，应报告两者的平均数，若大于 2，则报告其中较小的菌落总数。

若所有稀释度的平均菌落数均小于 300 个，则应按稀释度最高的平均菌落数乘以稀释倍数报告之。

若所有稀释度的平均菌落数均小于 30 个，则应按稀释度最低的平均菌落数乘以稀释倍数报告之。

若所有稀释度的平均菌落数均不在 30～300 个之间，则以最接近 300 个或 30 个的平均菌落数乘以稀释倍数报告之。

#### 4.1.2.5 大型水生植物的种类组成与现存量的测定

大型水生植物是生态学范畴上的类群，包括种子植物、蕨类植物、苔藓植物中的水生类群和藻类植物中以假根着生的大型藻类，是不同分类群植物长期适应水环境而形成的趋同适应的表现型。一般将其按生活型分为挺水植物、浮叶植物（漂浮植物与根生浮叶植物）和沉水植物。

（1）采样工具：带网铁夹：该取样器由边长为准 50cm 的可张合铁条组成的正方形框架，边框缝上孔径约为 1cm 左右的尼龙网袋，网深约 90cm，当铁夹完全张开时，框口为正方形，面积为 0.25cm$^2$；其他野外需要的工具包括：塑料袋、记号笔和电子秤等。

（2）采样断面和点的确定：在全面调查的基础上，根据水体特点（大小和地势）及水生植物的分布情况（分带和覆盖率），选数条具有代表性的断面。最少样点数必须包括植被的大部分现存种，可以根据种—面积曲线来确定。样点一般均匀分布在所设断面上，挺水和浮叶植物样方面积一般采用 2m×2m 样方，植株稀疏群落（＜100 株/m$^2$）可采用 10m×10m 或 5m×5m 样方，植株密度大（＞100 株/m$^2$）可采用 1m×1m 或 0.5m×0.5m 样方。沉水植物样方面积为 0. 5m×0. 5m 或 0.2m×0.2m。

（3）样品收集：在取样点，将铁铗完全张开，投入水中，待其沉入水底后关闭上拉，倒出网内植物，去除枯死的枝、叶及杂质。放入编有号码的样品袋内。

鲜量（mf）为样品不滴水时的称量，干量（md）是取部分鲜样品（不得少于 10%）作为子样品，在 800℃烘干至恒量时的质量。由子样品干量换算为样品干量。

（4）种类鉴定：按水生大型植物种类鉴定的常规方法进行种类鉴定。

（5）结果计算：

$$m_f=\frac{m_1}{A}$$

式中：$m_f$——以鲜量表示的现存量，g·m$^{-2}$；

$m_1$——样品鲜量，g；

$A$——样方面积，m$^2$。

$$m_d=\frac{m_2}{A}$$

式中：$m_d$——以干量表示的现存量，g·m$^{-2}$；

$m_2$——样品干量，g；

$A$——样方面积，m$^2$。

根据每平方米中的各类植物的现存量和它们的分布面积，由样品推算出总体即可求出该水体中各类大型水生植物的总现存量和各类植物所占的比例。

#### 4.1.2.6 东湖生物群落组成和特征历史数据

本数据集包括 2002—2006 年的监测数据，相关数据单位如下：

浮游植物：个体数＝ind./L；生物量＝mg/L；

浮游动物：个体数＝ind./L；生物量＝mg/L；

底栖动物：个体数＝ind./m$^2$；生物量＝mg/m$^2$；

细菌：个（菌落）；

高等水生植物：生物量＝g/m$^2$；

**表 4-6　2006 年东湖生物群落组成特征**

| 生物类群 | 1月 | | 2月 | | 3月 | | 4月 | | 5月 | | 6月 | |
|---|---|---|---|---|---|---|---|---|---|---|---|---|
| | 个体数 | 生物量 | 个体数 | 生物量 | 个体数 | 生物量 | 个体数 | 生物量 | 个体数 | 生物量 | 个体数 | 生物量 |
| 蓝藻 | 77 | 0.003 | 0 | 0.000 | 0 | 0.000 | 101 | 0.002 | 4 374 | 0.273 | 15 823 | 0.955 |
| 绿藻 | 134 | 0.006 | 0 | 0.000 | 71 | 0.007 | 1 826 | 0.059 | 8 841 | 0.206 | 6 633 | 0.158 |
| 硅藻 | 205 | 0.087 | 127 | 0.023 | 998 | 0.174 | 3 778 | 0.808 | 2 391 | 0.577 | 2 926 | 0.621 |
| 浮游植物 | 1 205 | 0.589 | 2 241 | 2.636 | 3 024 | 2.004 | 7 538 | 1.733 | 16 232 | 1.345 | 26 210 | 2.259 |
| 原生动物 | 3 617 | 0.181 | 1 403 | 0.070 | 1 220 | 0.061 | 1 200 | 0.060 | 3 383 | 0.169 | 3 423 | 0.171 |
| 轮虫 | 293 | 0.015 | 315 | 0.018 | 250 | 0.035 | 2 020 | 0.082 | 450 | 1.598 | 1 549 | 0.668 |
| 枝角类 | 0 | 0.000 | 0 | 0.001 | 0 | 0.000 | 0 | 0.001 | 1 | 0.003 | 6 | 0.039 |
| 桡足类 | 13 | 0.126 | 20 | 0.095 | 20 | 0.117 | 9 | 0.053 | 2 | 0.006 | 0 | 0.004 |
| 浮游生物 | 3 820 | 0.275 | 1 739 | 0.184 | 1 490 | 0.213 | 3 229 | 0.195 | 3 836 | 1.776 | 4 979 | 0.882 |
| 软体动物 | 13 | 337 | 43 | 2 098 | 0 | 0 | 0 | 0 | 0 | 0 | 0 | 0 |
| 寡毛类 | 123 | 320 | 1 392 | 2 976 | 496 | 1 980 | 3 907 | 3 977 | 1 800 | 3 056 | 180 | 593 |
| 水生昆虫 | 1 207 | 14 125 | 2 032 | 17 996 | 2 752 | 19 790 | 1 053 | 9 347 | 93 | 213 | 213 | 388 |
| 其他 | 0 | 0 | 32 | 98 | 5 | 37 | 0 | 0 | 40 | 40 | 0 | 0 |
| 底栖动物 | 1 343 | 14 782 | 3 499 | 23 168 | 3 253 | 21 807 | 4 960 | 13 323 | 1 933 | 3 310 | 393 | 981 |
| 细菌 | 15 553 | * | 15 567 | * | 25 333 | * | 438 333 | * | 216 667 | * | 67 667 | * |
| 高等水生植物 | 0 | 0 | 0 | 0 | 0 | 0 | 0 | 0 | 0 | 0 | 0 | 0 |

| 生物类群 | 7月 | | 8月 | | 9月 | | 10月 | | 11月 | | 12月 | |
|---|---|---|---|---|---|---|---|---|---|---|---|---|
| | 个体数 | 生物量 | 个体数 | 生物量 | 个体数 | 生物量 | 个体数 | 生物量 | 个体数 | 生物量 | 个体数 | 生物量 |
| 蓝藻 | 7 810 | 0.452 | 16 188 | 0.892 | 55 263 | 7.398 | 33 982 | 0.690 | 24 215 | 0.701 | 4 497 | 0.172 |
| 绿藻 | 6 594 | 0.161 | 6 571 | 0.187 | 6 643 | 0.192 | 4 537 | 0.130 | 7 114 | 0.195 | 2 646 | 0.114 |
| 硅藻 | 4 628 | 1.105 | 3 040 | 0.676 | 2 807 | 0.609 | 1 912 | 0.462 | 2 743 | 0.661 | 2 480 | 0.603 |
| 浮游植物 | 19 636 | 1.982 | 27 182 | 2.311 | 70 000 | 10.403 | 56 561 | 1.451 | 36 190 | 2.434 | 19 723 | 1.007 |
| 原生动物 | 6 887 | 0.344 | 3 670 | 0.184 | 5 383 | 0.269 | 3 627 | 0.181 | 5 593 | 0.280 | 7 620 | 0.381 |
| 轮虫 | 435 | 1.403 | 5 790 | 2.074 | 4 595 | 0.856 | 3 110 | 1.663 | 810 | 0.186 | 225 | 0.019 |
| 枝角类 | 6 | 0.027 | 5 | 0.016 | 2 | 0.014 | 4 | 0.020 | 1 | 0.012 | 0 | 0.000 |
| 桡足类 | 1 | 0.003 | 1 | 0.004 | 1 | 0.003 | 4 | 0.015 | 26 | 0.160 | 19 | 0.122 |
| 浮游生物 | 7 328 | 1.778 | 9 467 | 2.278 | 9 981 | 1.143 | 6 744 | 1.879 | 6 430 | 0.637 | 7 864 | 0.523 |
| 软体动物 | 0 | 0 | 0 | 0 | 13 | 14 | 0 | 0 | 0 | 0 | 0 | 0 |
| 寡毛类 | 160 | 624 | 467 | 492 | 307 | 1 029 | 144 | 1 215 | 117 | 1 748 | 261 | 824 |
| 水生昆虫 | 227 | 402 | 413 | 697 | 253 | 349 | 304 | 895 | 1 296 | 14 701 | 2 325 | 26 268 |
| 其他 | 0 | 0 | 27 | 52 | 40 | 132 | 0 | 0 | 5 | 74 | 32 | 167 |
| 底栖动物 | 387 | 1 025 | 907 | 1 242 | 613 | 1 525 | 448 | 2 110 | 1 419 | 16 523 | 2 619 | 27 260 |
| 细菌 | 500 000 | * | 800 000 | * | 950 000 | * | 30 167 | * | 14 717 | * | 40 167 | * |
| 高等水生植物 | 0 | 0 | 0 | 0 | 0 | 0 | 0 | 0 | 0 | 0 | 0 | 0 |

备注：“*”无法定量，故无意义。

## 表 4－7　2005 年东湖生物群落种类组成

| 生物类群 | 1月 | | 2月 | | 3月 | | 4月 | | 5月 | | 6月 | |
|---|---|---|---|---|---|---|---|---|---|---|---|---|
| | 个体数 | 生物量 | 个体数 | 生物量 | 个体数 | 生物量 | 个体数 | 生物量 | 个体数 | 生物量 | 个体数 | 生物量 |
| 蓝藻 | 2 313 552 | 0.046 | 939 361 | 0.019 | 561 717 | 0.011 | 2 099 707 | 0.042 | 21 384 195 | 0.428 | 197 711 709 | 3.954 |
| 绿藻 | 127 274 | 0.003 | — | — | 271 401 | 0.005 | 1 189 952 | 0.024 | 13 428 938 | 0.268 | 6 798 481 | 0.136 |
| 硅藻 | 1 260 482 | 0.126 | 103 476 | 0.010 | 722 469 | 0.072 | 5 764 059 | 0.576 | 1 344 186 | 0.134 | 3 670 663 | 0.367 |
| 浮游植物 | 3 778 857 | 0.280 | 1 355 457 | 0.654 | 3 492 131 | 1.763 | 9 255 330 | 1.015 | 36 221 943 | 0.879 | 208 762 471 | 4.894 |
| 原生动物 | — | — | — | — | — | — | — | — | — | — | — | — |
| 轮虫 | 2 | 0.005 | 141 | 0.048 | 1 075 | 0.226 | 161 | 0.070 | 514 | 2.612 | 6 664 | 1.646 |
| 枝角类 | 3 | 0.011 | 27 | 0.125 | 619 | 0.144 | 89 | 0.183 | 366 | 1.924 | 1 477 | 0.530 |
| 桡足类 | 20 | 0.032 | 44 | 0.403 | 1 931 | 0.236 | 232 | 0.128 | 239 | 3.793 | 3 699 | 0.733 |
| 浮游生物 | 24 | 0.047 | 212 | 0.575 | 3625 | 0.606 | 482 | 0.381 | 1 119 | 8.329 | 11 840 | 2.909 |
| 软体动物 | 40 | 1 025 | 67 | 3 369 | 30 | 1 968 | 107 | 2 552 | 0 | 0 | 0 | 0 |
| 寡毛类 | 307 | 260 | 173 | 641 | 583 | 1 824 | 2 000 | 5 835 | 573 | 1 305 | 147 | 1 927 |
| 水生昆虫 | 3 093 | 33 555 | 3 240 | 31 045 | 1 303 | 11 821 | 360 | 2 323 | 347 | 1 227 | 213 | 441 |
| 其他 | 0 | 0 | 0 | 0 | 7 | 10 | 0 | 0 | 0 | 0 | 0 | 0 |
| 底栖动物 | 3 440 | 34 840 | 3 480 | 35 056 | 1 923 | 15 623 | 2 467 | 10 709 | 920 | 2 532 | 360 | 2 368 |
| 细菌 | 26 667 | * | 666 667 | * | 33 333 | * | 2 000 000 | * | 76 666 667 | * | 2 666 667 | * |
| 高等水生植物 | 0 | 0 | 0 | 0 | 0 | 0 | 0 | 0 | 0 | 0 | 0 | 0 |

| 生物类群 | 7月 | | 8月 | | 9月 | | 10月 | | 11月 | | 12月 | |
|---|---|---|---|---|---|---|---|---|---|---|---|---|
| | 个体数 | 生物量 | 个体数 | 生物量 | 个体数 | 生物量 | 个体数 | 生物量 | 个体数 | 生物量 | 个体数 | 生物量 |
| 蓝藻 | 244 130 | 0.005 | 23 749 445 | 0.475 | 327 388 405 | 6.548 | 345 720 839 | 6.914 | 229 933 408 | 4.599 | 39 454 157 | 0.789 |
| 绿藻 | 1 052 351 | 0.021 | 10 178 334 | 0.203 | 8 316 655 | 0.166 | 8 666 124 | 0.173 | 7 393 025 | 0.148 | 1 746 846 | 0.035 |
| 硅藻 | 1 031 024 | 0.103 | 2 471 881 | 0.247 | 4 170 259 | 0.417 | 5 053 623 | 0.505 | 7 160 377 | 0.716 | 10 984 647 | 1.098 |
| 浮游植物 | 2 342 862 | 0.132 | 36 496 596 | 0.945 | 340 475 038 | 7.262 | 361 139 078 | 7.754 | 249 827 670 | 6.057 | 55 817 039 | 2.248 |
| 原生动物 | — | — | — | — | — | — | — | — | — | — | — | — |
| 轮虫 | — | — | 362 | 0.180 | 2 295 | 1.579 | 1 656 | 1.494 | 1 004 | 0.175 | 376 | 0.137 |
| 枝角类 | — | — | 499 | 0.346 | 6 534 | 4.975 | 1 639 | 1.493 | 1 201 | 0.412 | 592 | 0.244 |
| 桡足类 | — | — | 1 037 | 0.786 | 3063 | 1.488 | 2 136 | 0.755 | 809 | 0.156 | 124 | 0.158 |
| 浮游生物 | — | — | 1 897 | 1.311 | 11 892 | 8.042 | 5 431 | 3.741 | 3 014 | 0.743 | 1 092 | 0.540 |
| 软体动物 | 0 | 0 | 0 | 0 | 27 | 137 | 13 | 36 | 0 | 0 | 13 | 327 |
| 寡毛类 | 107 | 167 | 253 | 3 587 | 147 | 1 796 | 67 | 1 027 | 267 | 161 | 533 | 1 373 |
| 水生昆虫 | 453 | 804 | 1280 | 3 508 | 480 | 2 455 | 440 | 1 584 | 1 080 | 11 268 | 2 107 | 24 679 |
| 其他 | 0 | 0 | 27 | 61 | 13 | 13 | 0 | 0 | 0 | 0 | 13 | 44 |
| 底栖动物 | 560 | 971 | 1 560 | 7 156 | 667 | 4 401 | 520 | 2 647 | 1 347 | 11 429 | 2 667 | 26 423 |
| 细菌 | 7 333 333 | * | 33 000 000 | * | 2 000 000 | * | 1 333 333 | * | 1 333 333 | * | 333 333 | * |
| 高等水生植物 | 0 | 0 | 0 | 0 | 0 | 0 | 0 | 0 | 0 | 0 | 0 | 0 |

备注：“—”数据缺失；“*”无法定量，故无意义。

# 表 4-8 2004 年东湖生物群落种类组成

| 生物类群 | 1月 | | 2月 | | 3月 | | 4月 | | 5月 | | 6月 | |
|---|---|---|---|---|---|---|---|---|---|---|---|---|
| | 个体数 | 生物量 | 个体数 | 生物量 | 个体数 | 生物量 | 个体数 | 生物量 | 个体数 | 生物量 | 个体数 | 生物量 |
| 蓝藻 | 139 491 | 0.005 | 52 085 | 0.000 | 60 061 | 0.000 | 1 402 885 | 0.163 | 49 431 595 | 0.016 | 103 453 980 | 2.075 |
| 绿藻 | 739 129 | 0.000 | 252 538 | 0.000 | 521 515 | 0.000 | 18 270 502 | 0.001 | 12 821 619 | 0.001 | 7 035 396 | 0.001 |
| 硅藻 | 3 268 789 | 0.190 | 384 953 | 0.000 | 1 024 026 | 0.107 | 5 239 427 | 0.106 | 1 021 107 | 0.001 | 1 258 094 | 0.049 |
| 浮游植物 | 4 374 944 | 0.197 | 1 998 488 | 0.009 | 6 332 710 | 0.139 | 25 547 647 | 0.271 | 63 952 073 | 0.019 | 111 820 150 | 2.125 |
| 原生动物 | — | — | — | — | — | — | — | — | — | — | — | — |
| 轮虫 | 75 | 0.010 | 520 | 0.147 | 860 | 0.240 | 3 060 | 0.407 | 3 035 | 1.410 | 3 620 | 0.810 |
| 枝角类 | 0 | 0.000 | 0 | 0.000 | 0 | 0.000 | 0 | 0.000 | 0 | 0.000 | 6 | 0.090 |
| 桡足类 | 23 | 0.120 | 10 | 0.093 | 0 | 0.000 | 10 | 0.043 | 0 | 0.000 | 7 | 0.030 |
| 浮游生物 | 98 | 0.130 | 530 | 0.240 | 860 | 0.240 | 3 070 | 0.450 | 3 035 | 1.410 | 3 632 | 0.930 |
| 软体动物 | 16 | 39 920 | 16 | 19 770 | 37 | 34 518 | 16 | 443 | 48 | 1 302 | 0 | 0 |
| 寡毛类 | 576 | 2 729 | 3 349 | 10 591 | 3 989 | 5 020 | 1 515 | 2 435 | 779 | 2 587 | 43 | 839 |
| 水生昆虫 | 2 112 | 14 559 | 4 176 | 34 737 | 2 389 | 18 651 | 208 | 1 987 | 475 | 1 225 | 117 | 297 |
| 其他 | 0 | 0 | 32 | 159 | 21 | 106 | 11 | 51 | 181 | 230 | 0 | 0 |
| 底栖动物 | 2 704 | 57 208 | 7 573 | 65 256 | 6 437 | 58 295 | 1 749 | 4 915 | 1 483 | 5 343 | 160 | 1 136 |
| 细菌 | 2 333 | * | 17 333 | * | 8 667 | * | 26 000 | * | 2 200 000 | * | 9 800 000 | * |
| 高等水生植物 | 0 | 0 | 0 | 0 | 0 | 0 | 0 | 0 | 0 | 0 | 0 | 0 |

| 生物类群 | 7月 | | 8月 | | 9月 | | 10月 | | 11月 | | 12月 | |
|---|---|---|---|---|---|---|---|---|---|---|---|---|
| | 个体数 | 生物量 | 个体数 | 生物量 | 个体数 | 生物量 | 个体数 | 生物量 | 个体数 | 生物量 | 个体数 | 生物量 |
| 蓝藻 | 231 806 470 | 9.339 | 177 162 637 | 9.473 | 97 248 067 | 4.034 | 122 797 163 | 5.544 | 66 466 801 | 0.784 | 3 782 773 | 0.071 |
| 绿藻 | 19 094 814 | 0.002 | 7 207 880 | 0.001 | 5 687 271 | 0.001 | 7 938 989 | 0.001 | 4 817 983 | 0.000 | 598 551 | 0.000 |
| 硅藻 | 2 884 163 | 0.297 | 5 852 307 | 0.845 | 2 690 304 | 0.169 | 6 751 858 | 0.818 | 1 571 268 | 0.097 | 1 598 965 | 0.192 |
| 浮游植物 | 258 577 222 | 9.644 | 191 187 964 | 10.320 | 105 798 270 | 4.204 | 138 808 766 | 6.365 | 76 295 766 | 0.886 | 6 081 849 | 0.263 |
| 原生动物 | — | — | — | — | — | — | — | — | — | — | — | — |
| 轮虫 | 1 830 | 0.777 | 1040 | 1.533 | 2 095 | 1.520 | 1 630 | 1.160 | 1 110 | 0.447 | 370 | 0.067 |
| 枝角类 | 4 | 0.080 | 8 | 0.180 | 3 | 0.067 | 4 | 0.087 | 2 | 0.077 | 0 | 0.000 |
| 桡足类 | 2 | 0.010 | 4 | 0.010 | 2 | 0.010 | 4 | 0.020 | 17 | 0.083 | 26 | 0.203 |
| 浮游生物 | 1 837 | 0.867 | 1052 | 1.723 | 2 100 | 1.597 | 1 638 | 1.267 | 1 130 | 0.607 | 396 | 0.270 |
| 软体动物 | 0 | 0 | 0 | 0 | 5 | 16 110 | 40 | 130 724 | 0 | 0 | 0 | 0 |
| 寡毛类 | 327 | 1417 | 67 | 1263 | 101 | 1883 | 67 | 676 | 32 | 59 | 1 080 | 627 |
| 水生昆虫 | 93 | 185 | 173 | 371 | 347 | 650 | 267 | 1316 | 315 | 3 938 | 2 880 | 21 780 |
| 其他 | 0 | 0 | 0 | 0 | 37 | 101 | 40 | 71 | 0 | 0 | 0 | 0 |
| 底栖动物 | 420 | 1 601 | 240 | 1 633 | 491 | 18 744 | 413 | 132 787 | 347 | 3 997 | 3 960 | 22 407 |
| 细菌 | 6 933 333 | * | 4 033 333 | * | 1 840 000 | * | 506 667 | * | 270 000 | * | 133 333 | * |
| 高等水生植物 | 0 | 0 | 0 | 0 | 0 | 0 | 0 | 0 | 0 | 0 | 0 | 0 |

备注：“—”数据缺失；“*”无法定量，故无意义。

## 表 4-9　2003 年东湖生物群落种类组成

| 生物类群 | 1月 | | 2月 | | 3月 | | 4月 | | 5月 | | 6月 | |
|---|---|---|---|---|---|---|---|---|---|---|---|---|
| | 个体数 | 生物量 | 个体数 | 生物量 | 个体数 | 生物量 | 个体数 | 生物量 | 个体数 | 生物量 | 个体数 | 生物量 |
| 蓝藻 | 83 667 | — | 54 525 | — | 60 003 500 | — | — | — | 2 358 349 | — | 3 912 328 | — |
| 绿藻 | 8 451 000 | — | 5 940 868 | — | 1 658 625 | — | — | — | 7 805 303 | — | 1 348 608 | — |
| 硅藻 | 4 303 333 | — | 6 485 096 | — | 178 414 | 0.083 | — | — | 7 659 260 | — | 910 006 | — |
| 浮游植物 | 13 517 667 | 0.721 | 17 397 109 | 0.807 | 1 334 321 | 0.065 | — | — | 17 894 674 | 0.825 | 6 208 518 | 0.243 |
| 原生动物 | — | — | — | — | — | — | — | — | — | — | — | — |
| 轮虫 | 419 | 0.171 | 541 | 0.109 | 197 | 0.044 | — | — | 1 980 | 0.985 | 1 809 | 0.502 |
| 枝角类 | 0 | 0.000 | 0 | 0.001 | 0 | 0.000 | 0 | 0.001 | 1 | 0.028 | 4 | 0.094 |
| 桡足类 | 8 | 0.054 | 16 | 0.219 | 15 | 0.105 | 17 | 0.144 | 3 | 0.014 | 8 | 0.039 |
| 浮游生物 | 427 | 0.225 | 557 | 0.329 | 212 | 0.149 | 17 | 0.145 | 1 984 | 1.027 | 1 822 | 0.636 |
| 软体动物 | — | — | — | — | — | — | — | — | — | — | 0 | 0 |
| 寡毛类 | — | — | — | — | — | — | — | — | — | — | 197 | 1 |
| 水生昆虫 | — | — | — | — | — | — | — | — | — | — | 32 | 0 |
| 其他 | — | — | — | — | — | — | — | — | — | — | 5 | 0 |
| 底栖动物 | — | — | — | — | — | — | — | — | — | — | 197 | 1 |
| 细菌 | — | — | — | — | — | — | — | — | — | — | 7 133 333 | — |
| 高等水生植物 | 0 | 0 | 0 | 0 | 0 | 0 | 0 | 0 | 0 | 0 | 0 | 0 |

| 生物类群 | 7月 | | 8月 | | 9月 | | 10月 | | 11月 | | 12月 | |
|---|---|---|---|---|---|---|---|---|---|---|---|---|
| | 个体数 | 生物量 | 个体数 | 生物量 | 个体数 | 生物量 | 个体数 | 生物量 | 个体数 | 生物量 | 个体数 | 生物量 |
| 蓝藻 | 192 655 539 | — | 16 135 721 | — | — | — | 35 751 072 | — | 3 120 071 | — | 391 004 | — |
| 绿藻 | 20 646 964 | — | 3 218 615 | — | — | — | 8 749 545 | — | 1 966 728 | — | 1 305 433 | — |
| 硅藻 | 6 472 731 | — | 1 620 953 | — | — | — | 4 273 848 | — | 1 553 661 | — | 3 441 972 | — |
| 浮游植物 | 220 427 739 | 9.035 | 20 978 743 | 0.849 | — | — | 44 893 464 | 1.925 | 6 645 067 | 0.295 | 5 169 830 | 0.284 |
| 原生动物 | — | — | — | — | — | — | — | — | — | — | — | — |
| 轮虫 | 2 572 | 1.539 | 610 | 0.270 | — | — | 887 | 1.590 | 205 | 0.045 | 205 | 0.009 |
| 枝角类 | 6 | 0.119 | 2 | 0.039 | 4 | 0.078 | 3 | 0.074 | 0 | 0.004 | 0 | 0.000 |
| 桡足类 | 2 | 0.008 | 0 | 0.001 | 6 | 0.018 | 5 | 0.049 | 16 | 0.073 | 20 | 0.185 |
| 浮游生物 | 2 580 | 1.665 | 612 | 0.310 | 10 | 0.095 | 895 | 1.714 | 221 | 0.122 | 225 | 0.195 |
| 软体动物 | 0 | 0 | 0 | 0 | 0 | 0 | 5 | 8 | 0 | 0 | 0 | 0 |
| 寡毛类 | 2 901 | 1 | 336 | 2 | 139 | 2 | 123 | 2 | 160 | 3 | 59 | 0 |
| 水生昆虫 | 53 | 1 | 43 | 1 | 64 | 1 | 240 | 4 | 1 536 | 16 | 811 | 10 |
| 其他 | 16 | 0 | 5 | 0 | 16 | 0 | 11 | 0 | 11 | 1 | 0 | 0 |
| 底栖动物 | 2 901 | 1 | 336 | 2 | 176 | 104 | 128 | 10 | 160 | 3 | 59 | 0 |
| 细菌 | 35 050 000 | — | 1540 000 | — | 153 333 | — | 216 667 | — | 14 667 | — | 4 333 | — |
| 高等水生植物 | 0 | 0 | 0 | 0 | 0 | 0 | 0 | 0 | 0 | 0 | 0 | 0 |

备注："—"数据缺失；"＊"无法定量，故无意义。

**表 4-10　2002 年东湖生物群落种类组成**

| 生物类群 | 1月 | | 2月 | | 3月 | | 4月 | | 5月 | | 6月 | |
|---|---|---|---|---|---|---|---|---|---|---|---|---|
| | 个体数 | 生物量 | 个体数 | 生物量 | 个体数 | 生物量 | 个体数 | 生物量 | 个体数 | 生物量 | 个体数 | 生物量 |
| 蓝藻 | — | — | — | — | — | — | — | — | — | — | — | — |
| 绿藻 | — | — | — | — | — | — | — | — | — | — | — | — |
| 硅藻 | — | — | — | — | — | — | — | — | — | — | — | — |
| 浮游植物 | 12 174 | 6.080 | 6 822 | 2.631 | 10 740 | 5.695 | 8 650 | 4.706 | 12 764 | 5.439 | 13 298 | 4.975 |
| 原生动物 | — | — | — | — | — | — | — | — | — | — | — | — |
| 轮虫 | 1 133 | 0.86 | 336.7 | 0.134 | 1 123 | 1.057 | 4 327 | 1.416 | 5 782 | 2.553 | 4 522 | 2.105 |
| 枝角类 | — | — | — | — | — | — | — | — | — | — | — | — |
| 桡足类 | 10.15 | 0.144 | 20.93 | 0.166 | 11.43 | 0.099 | 5.767 | 0.079 | 6.967 | 0.074 | 37.87 | 0.362 |
| 浮游生物 | 1143 | 1.004 | 357.6 | 0.299 | 1 135 | 1.156 | 4 332 | 1.495 | 5 789 | 2.627 | 4 560 | 2.467 |
| 软体动物 | — | — | — | — | — | — | — | — | — | — | — | — |
| 寡毛类 | — | — | — | — | — | — | — | — | — | — | — | — |
| 水生昆虫 | — | — | — | — | — | — | — | — | — | — | — | — |
| 其他 | — | — | — | — | — | — | — | — | — | — | — | — |
| 底栖动物 | 5 995 | — | 4 275 | — | 1 716 | — | 4 315 | — | 2 256 | — | 1 906 | — |
| 细菌 | — | — | — | — | — | — | — | — | — | — | — | — |
| 高等水生植物 | 0 | 0 | 0 | 0 | 0 | 0 | 0 | 0 | 0 | 0 | 0 | 0 |

| 生物类群 | 7月 | | 8月 | | 9月 | | 10月 | | 11月 | | 12月 | |
|---|---|---|---|---|---|---|---|---|---|---|---|---|
| | 个体数 | 生物量 | 个体数 | 生物量 | 个体数 | 生物量 | 个体数 | 生物量 | 个体数 | 生物量 | 个体数 | 生物量 |
| 蓝藻 | — | — | — | — | — | — | — | — | — | — | — | — |
| 绿藻 | — | — | — | — | — | — | — | — | — | — | — | — |
| 硅藻 | — | — | — | — | — | — | — | — | — | — | — | — |
| 浮游植物 | 12 150 | 5.161 | 11 561 | 6.865 | 19 922 | 8.849 | 12 198 | 6.746 | 12 624 | 6.436 | 8 471 | 5.314 |
| 原生动物 | — | — | — | — | — | — | — | — | — | — | — | — |
| 轮虫 | 2 082 | 0.318 | 7 860 | 2.231 | 3972 | 0.935 | 5 425 | 1.987 | 706.7 | 0.36 | 3 059 | 1.897 |
| 枝角类 | — | — | — | — | — | — | — | — | — | — | — | — |
| 桡足类 | 6.758 | 0.074 | 12.2 | 0.158 | 8.117 | 0.132 | 16.03 | 0.146 | 27.77 | 0.204 | 11.15 | 0.066 |
| 浮游生物 | 2 088 | 0.392 | 7 872 | 2.388 | 3 980 | 1.066 | 5 441 | 2.133 | 734.4 | 0.564 | 3 070 | 1.964 |
| 软体动物 | — | — | — | — | — | — | — | — | — | — | — | — |
| 寡毛类 | — | — | — | — | — | — | — | — | — | — | — | — |
| 水生昆虫 | — | — | — | — | — | — | — | — | — | — | — | — |
| 其他 | — | — | — | — | — | — | — | — | — | — | — | — |
| 底栖动物 | 1 913 | — | 1 147 | — | 3 911 | — | 4 864 | — | 7 388 | — | 7 559 | — |
| 细菌 | — | — | — | — | — | — | — | — | — | — | — | — |
| 高等水生植物 | 0 | 0 | 0 | 0 | 0 | 0 | 0 | 0 | 0 | 0 | 0 | 0 |

备注：“—”数据缺失；“*”无法定量，故无意义。

## 4.1.3 叶绿素 a 与水体生产力

### 4.1.3.1 分析方法

a. 叶绿素 a（μg/L）

分光光度计测定法，具体参见《水体监测规范》。

b. 水体生产力（mg $O_2$/L·d）

黑白瓶测氧法，具体参见《水体监测规范》。

### 4.1.3.2 历史数据

表 4-11 2006 年东湖叶绿素 a 及初级生产力

| 月　份 | 1月 | 2月 | 3月 | 4月 | 5月 | 6月 | 7月 | 8月 | 9月 | 10月 | 11月 | 12月 |
|---|---|---|---|---|---|---|---|---|---|---|---|---|
| 叶绿素 a 含量（μg/L） | 12.6 | 27.3 | 30.1 | 24.2 | 26.2 | 37.2 | 45.6 | 46.5 | 30.7 | 26.2 | 32.1 | 21.6 |
| 日产毛量（mg $O_2/m^2$·d） | 3 255.2 | 3 386.3 | 3 602.3 | 4 832.7 | 6 570.2 | 7 061.8 | 8 295.8 | 8 698.2 | 10 275.4 | 4 976.1 | 3 922.0 | 4 589.0 |
| 日呼吸量（mg $O_2/m^2$·d） | 1 551.2 | 712.3 | 1 143.2 | 2 510.8 | 1 939.7 | 2 758.5 | 5 384.2 | 3 339.3 | 6 273.3 | 1 278.1 | 1 097.2 | 372.8 |
| 日净生产量（mg $O_2/m^2$·d） | 1 720.7 | 2 659.2 | 2 345.3 | 2 565.2 | 4 425.0 | 4 051.3 | 2 744.0 | 5 428.6 | 4 589.8 | 3 699.7 | 2 994.3 | 4 233.4 |

表 4-12 2005 年东湖站观测站叶绿素 a 及初级生产力

| 月　份 | 1月 | 2月 | 3月 | 4月 | 5月 | 6月 | 7月 | 8月 | 9月 | 10月 | 11月 | 12月 |
|---|---|---|---|---|---|---|---|---|---|---|---|---|
| 叶绿素 a 含量（μg/L） | 4.7 | 13.5 | 54.7 | 20.1 | 50.5 | 58.4 | 161.8 | 80.4 | 80.5 | 60.8 | 47.6 | 15.4 |
| 日产毛量（mg $O_2/m^2$·d） | 1 529.2 | 2 457.2 | 3 192.5 | 3 987.2 | 4 153.8 | 6 107.2 | 41 165.2 | 3 106.5 | 7 102.8 | 6 053.2 | 2 042.8 | 1 033.2 |
| 日呼吸量（mg $O_2/m^2$·d） | 470.5 | 138.2 | 532.2 | 698.5 | 888.8 | 1 390.5 | 2 589.5 | 4 523.2 | 3 191.3 | 1 630.5 | 390.5 | 244.8 |
| 日净生产量（mg $O_2/m^2$·d） | 3 848.8 | 1 077.2 | 1 633.2 | 2 998.8 | 3 173.8 | 4 733.8 | 5 293.5 | 6 622.8 | 4 402.8 | 2 680.2 | 882.2 | 827.2 |

表 4-13 2004 年东湖叶绿素 a 及初级生产力

| 月　份 | 1月 | 2月 | 3月 | 4月 | 5月 | 6月 | 7月 | 8月 | 9月 | 10月 | 11月 | 12月 |
|---|---|---|---|---|---|---|---|---|---|---|---|---|
| 叶绿素 a 含量（μg/L） | 15.7 | 1.2 | 12.7 | 13.4 | 1.7 | 124.2 | 2 206.7 | 1 788.9 | 393.2 | 1 133.1 | 164.4 | 11.7 |
| 日产毛量（mg $O_2/m^2$·d） | 518.7 | 869.0 | 1 139.6 | 1 318.1 | 1 382.0 | 2 167.6 | 2 802.7 | 4 124.0 | 2 513.0 | 1 871.1 | 737.9 | 381.3 |
| 日呼吸量（mg $O_2/m^2$·d） | 120.9 | 39.4 | 159.2 | 187.6 | 236.4 | 338.5 | 635.4 | 1 138.3 | 802.6 | 394.5 | 110.1 | 65.8 |
| 日净生产量（mg $O_2/m^2$·d） | 280.4 | 369.3 | 660.1 | 1 131.1 | 1 086.8 | 1 543.7 | 1 783.5 | 2 145.4 | 1 434.7 | 973.6 | 325.0 | 305.8 |

表 4-14 2003 年东湖叶绿素 a 及初级生产力

| 月　份 | 1月 | 2月 | 3月 | 4月 | 5月 | 6月 | 7月 | 8月 | 9月 | 10月 | 11月 | 12月 |
|---|---|---|---|---|---|---|---|---|---|---|---|---|
| 叶绿素 a 含量（μg/L） | — | — | — | — | — | — | — | — | — | — | — | — |
| 日产毛量（mg $O_2/m^2$·d） | 1 234.2 | 39 568.3 | 3 020.6 | 4 317.8 | 4 643.8 | 5 885.5 | 8 335.9 | 11 583.8 | 7 589.2 | 4 570.3 | 2 827.0 | 1 937.3 |
| 日呼吸量（mg $O_2/m^2$·d） | 389.0 | 116.3 | 610.9 | 765.2 | 939.5 | 943.5 | 2 409.2 | 3 817.2 | 3 735.8 | 1618.8 | 664.2 | 389.2 |
| 日净生产量（mg $O_2/m^2$·d） | 794.3 | 1 080.7 | 1 893.7 | 3 075.8 | 3 353.8 | 4 723.8 | 5 505.5 | 5 778.8 | 5 564.2 | 3 119.8 | 4 790.5 | 1 045.5 |

备注："—" 数据缺失。

表 4-15 2002 年东湖叶绿素 a 及初级生产力

| 月　份 | 1月 | 2月 | 3月 | 4月 | 5月 | 6月 | 7月 | 8月 | 9月 | 10月 | 11月 | 12月 |
|---|---|---|---|---|---|---|---|---|---|---|---|---|
| 叶绿素 a 含量（μg/L） | — | 40.0 | 25.7 | 57.3 | 43.7 | 60.5 | 92.0 | 95.2 | 84.0 | 65.9 | 58.2 | 26.0 |
| 日产毛量（mg $O_2/m^2$·d） | 356.8 | 687.5 | 943.8 | 1 276.7 | 1 284.7 | 1 620.3 | 2 111.1 | 2 097.6 | 2 305.4 | 1 502.6 | 976.5 | 637.9 |
| 日呼吸量（mg $O_2/m^2$·d） | 115.9 | 40.1 | 238.8 | 265.4 | 229.0 | 250.6 | 643.7 | 982.2 | 1 007.1 | 563.9 | 233.8 | 152.9 |
| 日净生产量（mg $O_2/m^2$·d） | 155.9 | 352.2 | 598.0 | 938.5 | 935.8 | 1 295.5 | 1 461.7 | 1 567.5 | 1 595.8 | 1 006.4 | 499.4 | 352.4 |

备注："—" 数据缺失。

## 4.2 沉积物监测数据

因本部分工作数据资料不全，数据丢失，故元数据不出版，仅以研究论文结果呈现。

### 4.2.1　东湖沉积物 TN 和 TP 的垂直分布

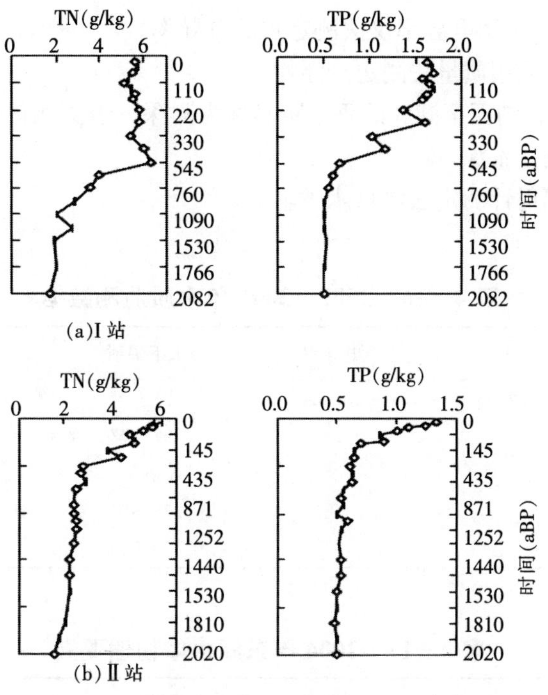


图 4-1　东湖沉积物 TN 和 TP 的垂直分布

［文献来自：杨洪，等．人类活动在武汉东湖沉积物中的记录。中国环境科学，2004：24 (3)：261-264.］

### 4.2.2　东湖沉积物孔隙度和含水量的垂直分布

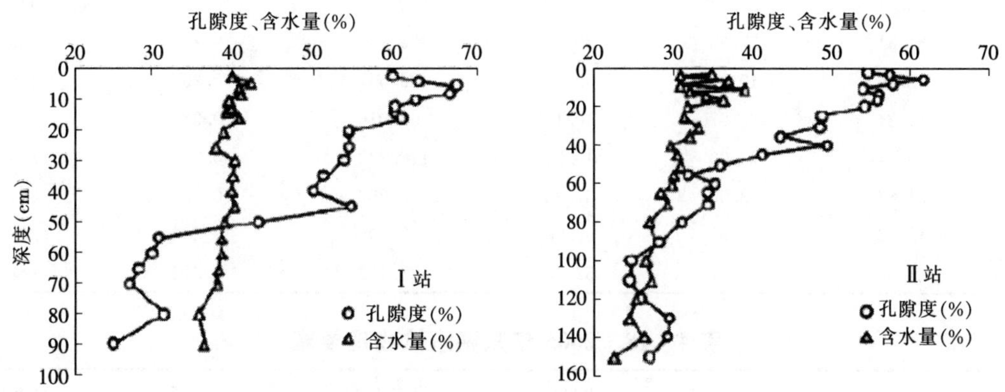


图 4-2　东湖沉积物孔隙度和含水量的垂直分布

［文献来自：杨洪，等．武汉东湖沉积物孔隙度与含水量。湖泊科学，2004，16 (1)：68-74.］

## 4.3　水质监测数据

### 4.3.1　水物理要素

湖水物理要素主要包括水温、水色、电导率、水下辐射、悬浮质和水深等指标。具体分析方法如下：

#### 4.3.1.1 分析方法

（1）水温（℃）：采用水温计法测定水温，见 GB 13195—91《水质水温的测定》。

（2）水色（度）：采用铂钴标准比色法测定水色，见 GB 11903—89《水质色度的测定》。

（3）电导率（ms/cm）：采用电导率仪法测定水的电导率。

（4）悬浮质（mg/L）：采用质量法测定悬浮物。

（5）水深（cm）：测量自湖面至湖底的垂直距离称为测深。水深测量有绳测法和回声测量法，也可利用多功能水质分析仪测量水深。

（6）水下辐射：采用辐射计测定法测量水下辐射。

#### 4.3.1.2 历史数据

**表 4－16 2002—2006 年水质监测数据**

| 年份 | 水温 | 水色 | 电导率 | 水下辐射 | 悬浮质 | 测站水深 |
|---|---|---|---|---|---|---|
| 2006 | 20.365 | 32.067 | 45.664 | — | 0.299 | 386.8 |
| 2005 | 17.215 | — | 44.899 | 297.777 | — | 373.5 |
| 2004 | 16.777 | — | — | — | — | 358.9 |
| 2003 | 21.507 | — | — | 278.530 | — | 362.5 |
| 2002 | 18.1 | — | — | 433.510 | — | 351.3 |

备注："—"数据缺失。

**表 4－17 2006 年东湖水体物理要素**

| 月份 | 水温 | 水色 | 电导率 | 水下辐射 | 悬浮质 | 测站水深 |
|---|---|---|---|---|---|---|
| 1 | 9.17 | 11.66 | 48.11 | 6.026 | 0.316 | 361.7 |
| 2 | 5.96 | 26.33 | 42.97 | 165.553 | 0.280 | 371.0 |
| 3 | 12.81 | 24.00 | 38.88 | 25.781 | 0.252 | 400.0 |
| 4 | 19.87 | 28.33 | 39.43 | 227.042 | 0.256 | 380.0 |
| 5 | 25.71 | 37.33 | 35.78 | 160.711 | 0.233 | 410.0 |
| 6 | 31.81 | 37.33 | 39.97 | 366.905 | 0.259 | 380.0 |
| 7 | 28.76 | 40.67 | 39.34 | 26.667 | 0.260 | 416.7 |
| 8 | 32.24 | 28.67 | 40.12 | 69.016 | 0.261 | 405.0 |
| 9 | 24.44 | 33.00 | 43.33 | 118.233 | 0.281 | 386.0 |
| 10 | 21.82 | 38.00 | 37.20 | 48.292 | 0.263 | 381.7 |
| 11 | 12.32 | 29.67 | 87.90 | 7.795 | 0.562 | 386.7 |
| 12 | 8.30 | 23.67 | 57.39 | 88.482 | 0.372 | 363.3 |

**表 4－18 2005 年东湖水体物理要素**

| 月份 | 水温 | 水色 | 电导率 | 水下辐射 | 悬浮质 | 测站水深 |
|---|---|---|---|---|---|---|
| 1 | 5.15 | — | 46.10 | 129.67 | — | 356.7 |
| 2 | 5.96 | — | 58.30 | 76.00 | — | 380.0 |
| 3 | 10.06 | — | 50.57 | 67.00 | — | 365.0 |
| 4 | 15.86 | — | 46.13 | 627.67 | — | 363.3 |
| 5 | 24.20 | — | 48.60 | 694.67 | — | 356.7 |
| 6 | 29.83 | — | 45.57 | 448.33 | — | 368.3 |
| 7 | 29.03 | — | 45.73 | 701.00 | — | 376.7 |
| 8 | 24.53 | — | 43.33 | 163.33 | — | 405.0 |

（续）

| 月份 | 水温 | 水色 | 电导率 | 水下辐射 | 悬浮质 | 测站水深 |
|---|---|---|---|---|---|---|
| 9 | 25.29 | — | 36.37 | 39.00 | — | 396.7 |
| 10 | 17.61 | — | 38.27 | 231.33 | — | 373.3 |
| 11 | 13.48 | — | 38.87 | 147.00 | — | 383.3 |
| 12 | 5.57 | — | 40.93 | 248.33 | — | 356.7 |

备注：“—”数据缺失。

**表 4－19　2004 年东湖水体物理要素**

| 月份 | 水温 | 水色 | 电导率 | 水下辐射 | 悬浮质 | 测站水深 |
|---|---|---|---|---|---|---|
| 1 | 4 | — | — | — | — | 348 |
| 2 | 6 | — | — | — | — | 357 |
| 3 | 10 | — | — | — | — | 330 |
| 4 | 15 | — | — | — | — | 347 |
| 5 | 22 | — | — | — | — | 340 |
| 6 | 24 | — | — | — | — | 367 |
| 7 | 29 | — | — | — | — | 370 |
| 8 | 27 | — | — | — | — | 383 |
| 9 | 23 | — | — | — | — | 380 |
| 10 | 18 | — | — | — | — | 362 |
| 11 | 11 | — | — | — | — | 360 |
| 12 | 12 | — | — | — | — | 363 |

备注：“—”数据缺失。

**表 4－20　2003 年东湖水体物理要素**

| 月份 | 水温 | 水色 | 电导率 | 水下辐射 | 悬浮质 | 测站水深 |
|---|---|---|---|---|---|---|
| 1 | — | — | — | 212.20 | — | — |
| 2 | — | — | — | 43.91 | — | — |
| 3 | — | — | — | 438.57 | — | — |
| 4 | 18.97 | — | — | — | — | 370.00 |
| 5 | 25.10 | — | — | 43.41 | — | 386.67 |
| 6 | 26.43 | — | — | 243.68 | — | 373.33 |
| 7 | 32.07 | — | — | 1020.94 | — | 350.00 |
| 8 | 30.30 | — | — | — | — | 346.67 |
| 9 | 24.03 | — | — | 539.72 | — | 358.33 |
| 10 | 19.07 | — | — | 84.12 | — | 356.67 |
| 11 | 11.13 | — | — | 29.36 | — | 350.00 |
| 12 | 6.47 | — | — | 129.36 | — | 370.00 |

备注：“—”数据缺失。

**表 4－21　2002 年东湖站水体物理要素**

| 月份 | 水温 | 水色 | 电导率 | 水下辐射 | 悬浮质 | 测站水深 |
|---|---|---|---|---|---|---|
| 1 | 9.33 | — | — | — | — | 340.00 |
| 2 | 9.00 | — | — | 532.76 | — | 331.33 |
| 3 | 17.00 | — | — | 416.89 | — | 354.67 |

（续）

| 月份 | 水温 | 水色 | 电导率 | 水下辐射 | 悬浮质 | 测站水深 |
|---|---|---|---|---|---|---|
| 4 | 20.00 | — | — | 1059.63 | — | 359.33 |
| 5 | 22.00 | — | — | 171.61 | — | 372.67 |
| 6 | 27.00 | — | — | — | — | 368.33 |
| 7 | 30.40 | — | — | 480.30 | — | 374.00 |
| 8 | 29.33 | — | — | 185.31 | — | 364.67 |
| 9 | 23.67 | — | — | 481.30 | — | 343.33 |
| 10 | 16.50 | — | — | — | — | 335.00 |
| 11 | 10.67 | — | — | 503.80 | — | 326.00 |
| 12 | 4.00 | — | — | 69.97 | — | 344.33 |

备注："—"数据缺失。

## 4.3.2 水化学要素

东湖湖水化学要素主要包括溶解氧、pH、硅酸盐、磷酸盐、总氮、总磷、亚硝酸盐氮、硝酸盐氮、氨态氮、硫酸盐、总有机碳、总无机碳、化学需氧量、生化需氧量、钾离子、钠离子、钙离子、镁离子、氯离子等。

（1）分析方法：参见《水域生态系统监测规范》。

（2）历史数据：

**表 4-22 相关项目及单位**

| 项目 | 单位 | 项目 | 单位 |
|---|---|---|---|
| 溶解氧 | mg/L | 化学需氧量 | mg/L |
| pH | 无量纲 | 生化需氧量 | mg/L |
| 碱度 | mg/L | 总磷 | mg/L |
| 硅酸盐 | mg/L | 总氮 | mg/L |
| 磷酸盐 | mg/L | 钾离子 | mg/L |
| 亚硝酸盐氮 | mg/L | 钠离子 | mg/L |
| 硝酸盐氮 | mg/L | 钙离子 | mg/L |
| 氨态氮 | mg/L | 镁离子 | mg/L |
| 硫酸盐 | mg/L | 氯化物 | mg/L |
| 总有机碳 | mg/L | 总无机碳 | mg/L |

**表 4-23 2002—2006 年水化学要素**

| 项 目 | 2006 | 2005 | 2004 | 2003 | 2002 |
|---|---|---|---|---|---|
| 溶解氧 | 9.09 | 8.32 | 8.22 | 6.64 | 9.53 |
| pH | 7.98 | 7.74 | 7.75 | 7.93 | 7.67 |
| 碱度 | 108.09 | — | — | — | — |
| 硅酸盐 | 4.60 | — | — | — | — |
| 磷酸盐 | 0.01 | 0.07 | 0.03 | 0.07 | — |
| 亚硝酸盐氮 | 0.01 | 7.44 | 11.39 | 39.28 | — |
| 硝酸盐氮 | 0.55 | 0.36 | 0.41 | 0.71 | — |
| 氨态氮 | 0.21 | 0.19 | 0.23 | 0.40 | — |
| 硫酸盐 | 37.40 | 15.48 | — | 49.33 | — |

（续）

| 项　目 | 2006 | 2005 | 2004 | 2003 | 2002 |
|---|---|---|---|---|---|
| 总有机碳 | 7.69 | 7.83 | 7.31 | 9.11 | — |
| 化学需氧量 | 5.66 | 5.33 | — | — | — |
| 生化需氧量 | 3.15 | 4.10 | — | — | — |
| 总磷 | 0.07 | 0.19 | 0.20 | 0.20 | — |
| 总氮 | 1.50 | 1.16 | 1.10 | 2.96 | — |
| 钾离子 | 5.50 | 2.61 | 3.12 | 2.94 | 3.29 |
| 钠离子 | 21.40 | 10.99 | 11.87 | 10.90 | 12.58 |
| 钙离子 | 47.12 | 20.60 | 13.94 | 17.85 | 19.63 |
| 镁离子 | 9.43 | 4.39 | 3.92 | 3.66 | 4.87 |
| 氯化物 | 26.88 | 11.51 | — | 39.15 | — |
| 总无机碳 | 17.12 | 16.07 | 15.83 | — | — |

备注：“—”数据缺失。

## 表 4-24　2006 年水化学要素

| 项　目 | 1月 | 2月 | 3月 | 4月 | 5月 | 6月 |
|---|---|---|---|---|---|---|
| 溶解氧 | 7.4 | 9.00 | 11.45 | 12.51 | 10.19 | 9.10 |
| pH | 7.35 | 8.27 | 8.68 | 8.38 | 8.82 | 8.27 |
| 碱度 | 105.8 | 105.6 | 107.7 | 109.6 | 107.29 | 104.55 |
| 硅酸盐 | 2.77 | 3.8 | 4.69 | 5.43 | 2.05 | 2.78 |
| 磷酸盐 | 0.02 | 0 | 0.01 | 0.00 | 0.01 | 0.04 |
| 亚硝酸盐氮 | 0.01 | 0.01 | 0.01 | 0.01 | 0.03 | 0.01 |
| 硝酸盐氮 | 0.87 | 0.59 | 0.17 | 0.49 | 0.23 | 0.47 |
| 氨态氮 | 0.29 | 0.19 | 0.14 | 0.14 | 0.34 | 0.06 |
| 硫酸盐 | 30.14 | 32.09 | 43.47 | 40.71 | 41.21 | 38.87 |
| 总有机碳 | 6.86 | 7.81 | 8.67 | 7.50 | 7.68 | 8.46 |
| 化学需氧量 | 9.90 | 3.68 | 3.04 | 5.00 | 7.46 | 5.13 |
| 生化需氧量 | 1.15 | 0.96 | 3.26 | 4.08 | 5.12 | 3.06 |
| 总磷 | 0.03 | 0.04 | 0.09 | 0.15 | 0.04 | 0.04 |
| 总氮 | 1.15 | 1.63 | 2.12 | 1.48 | 1.79 | 0.46 |
| 钾离子 | 6.03 | 5.31 | 6.39 | 4.94 | 5.31 | 5.97 |
| 钠离子 | 25.37 | 21.78 | 26.07 | 21.30 | 18.89 | 19.76 |
| 钙离子 | 54.30 | 53.77 | 61.22 | 49.11 | 39.03 | 45.19 |
| 镁离子 | 10.28 | 10.11 | 11.39 | 9.04 | 8.60 | 9.53 |
| 氯化物 | 25.93 | 25.52 | 28.23 | 26.51 | 25.60 | 25.56 |
| 总无机碳 | 19.2 | 16.33 | 17.48 | 17.70 | 14.49 | 15.79 |
| 项　目 | 7月 | 8月 | 9月 | 10月 | 11月 | 12月 |
| 溶解氧 | 7.18 | 6.87 | 9.55 | 8.82 | 8.80 | 6.54 |
| pH | 7.98 | 7.63 | 7.73 | 8.36 | 6.34 | 7.35 |
| 碱度 | 105.66 | 106.55 | 111.29 | 110.96 | 108.08 | 110.36 |
| 硅酸盐 | 3.49 | 5.13 | 5.46 | 5.71 | 6.85 | 5.36 |
| 磷酸盐 | 0.01 | 0.01 | 0.01 | 0.01 | 0.00 | 0.01 |
| 亚硝酸盐氮 | 0.01 | 0.00 | 0.00 | 0.01 | 0.05 | 0.02 |
| 硝酸盐氮 | 0.50 | 0.51 | 0.51 | 0.63 | 0.62 | 1.00 |
| 氨态氮 | 0.14 | 0.10 | 0.16 | 0.21 | 0.16 | 0.63 |
| 硫酸盐 | 33.56 | 37.27 | 37.92 | 36.43 | 35.02 | 39.38 |

（续）

| 项　目 | 7月 | 8月 | 9月 | 10月 | 11月 | 12月 |
|---|---|---|---|---|---|---|
| 总有机碳 | 2.02 | 10.69 | 7.94 | 8.42 | 7.77 | 7.68 |
| 化学需氧量 | 4.93 | 5.56 | 5.71 | 4.95 | 6.88 | 9.91 |
| 生化需氧量 | 4.23 | 3.60 | 3.16 | 2.03 | 2.39 | 2.77 |
| 总磷 | 0.07 | 0.12 | 0.09 | 0.06 | 0.05 | 0.04 |
| 总氮 | 1.48 | 1.59 | 1.44 | 1.45 | 1.90 | 1.93 |
| 钾离子 | 5.29 | 5.14 | 6.14 | 5.69 | 4.48 | 5.42 |
| 钠离子 | 18.53 | 21.22 | 22.43 | 21.30 | 20.10 | 21.36 |
| 钙离子 | 43.31 | 43.47 | 44.17 | 44.31 | 43.17 | 46.67 |
| 镁离子 | 9.99 | 10.06 | 9.59 | 8.28 | 6.91 | 9.53 |
| 氯化物 | 23.26 | 27.31 | 29.67 | 28.32 | 27.56 | 28.68 |
| 总无机碳 | 16.55 | 16.16 | 22.53 | 15.95 | 17.38 | 17.94 |

## 表 4-25　2005 年水化学要素

| 项　目 | 1月 | 2月 | 3月 | 4月 | 5月 | 6月 |
|---|---|---|---|---|---|---|
| 溶解氧 | 11.47 | 11.50 | 7.69 | 6.44 | 10.32 | 5.54 |
| pH | 7.97 | 7.47 | 8.04 | 8.06 | 7.37 | 7.63 |
| 碱度 | — | — | — | — | — | — |
| 硅酸盐 | — | — | — | — | — | — |
| 磷酸盐 | 0.03 | 0.02 | 0.01 | 0.03 | 0.06 | 0.09 |
| 亚硝酸盐氮 | 0 | 0 | 0 | 15.26 | 22.87 | 6.24 |
| 硝酸盐氮 | 0.63 | 0.99 | 0.47 | 0.31 | 0.12 | 0.22 |
| 氨态氮 | 0.08 | 0.15 | 0.07 | 0.29 | 0.21 | 0.18 |
| 硫酸盐 | 13.16 | 14.63 | 14.76 | 14.84 | 15.43 | 15.78 |
| 总有机碳 | 6.56 | 6.06 | 6.87 | 7.07 | 8.28 | 8.80 |
| 化学需氧量 | 6.38 | 9.03 | 5.51 | 1.67 | 6.02 | 6.94 |
| 生化需氧量 | 4.75 | 6.48 | 4.49 | 1.55 | 4.39 | 5.20 |
| 总磷 | 0.15 | 0.14 | 0.10 | 0.16 | 0.29 | 0.29 |
| 总氮 | 1.68 | 1.74 | 1.79 | 1.49 | 1.19 | 1.11 |
| 钾离子 | 2.28 | 2.80 | 2.22 | 2.78 | 2.49 | 2.58 |
| 钠离子 | 11.54 | 13.64 | 12.15 | 13.06 | 10.24 | 11.10 |
| 钙离子 | 23.62 | 18.44 | 20.53 | 17.89 | 20.63 | 19.89 |
| 镁离子 | 4.36 | 4.29 | 4.45 | 4.26 | 4.41 | 4.31 |
| 氯化物 | 12.39 | 11.35 | 11.85 | 11.82 | 11.37 | 10.65 |
| 总无机碳 | 17.54 | 15.80 | 17.35 | 16.57 | 16.02 | 16.74 |

| 项　目 | 7月 | 8月 | 9月 | 10月 | 11月 | 12月 |
|---|---|---|---|---|---|---|
| 溶解氧 | 7.06 | 5.60 | 7.44 | 10.85 | 7.30 | 8.60 |
| pH | 7.88 | 7.85 | 7.46 | 7.88 | 7.72 | 7.67 |
| 碱度 | — | — | — | — | — | — |
| 硅酸盐 | — | — | — | — | — | — |
| 磷酸盐 | 0.14 | 0.17 | 0.08 | 0.01 | 0.03 | 0 |
| 亚硝酸盐氮 | 17.50 | 14.62 | 0.00 | 0.01 | 0.00 | 0.00 |
| 硝酸盐氮 | 0.36 | 0.59 | 0.16 | 0.14 | 0.13 | 0.12 |
| 氨态氮 | 0.32 | 0.18 | 0.48 | 0.08 | 0.11 | 0.12 |
| 硫酸盐 | 16.99 | 15.50 | 14.96 | 15.81 | 15.81 | 18.16 |
| 总有机碳 | 9.54 | 7.44 | 8.72 | 7.94 | 7.78 | 8.89 |
| 化学需氧量 | 5.25 | 3.13 | 5.65 | 4.85 | 4.99 | 4.59 |
| 生化需氧量 | 4.38 | 2.46 | 4.02 | 3.91 | 4.27 | 3.36 |
| 总磷 | 0.44 | 0.38 | 0.13 | 0.10 | 0.11 | 0.00 |

（续）

| 项　目 | 7月 | 8月 | 9月 | 10月 | 11月 | 12月 |
|---|---|---|---|---|---|---|
| 总氮 | 1.32 | 2.21 | 0.66 | 0.24 | 0.25 | 0.25 |
| 钾离子 | 2.50 | 2.53 | 2.86 | 2.95 | 2.75 | 2.61 |
| 钠离子 | 12.74 | 12.45 | 8.33 | 9.15 | 8.61 | 8.83 |
| 钙离子 | 17.44 | 17.34 | 20.73 | 21.89 | 23.27 | 25.61 |
| 镁离子 | 4.23 | 4.46 | 4.29 | 4.50 | 4.43 | 4.70 |
| 氯化物 | 11.31 | 11.63 | 10.89 | 11.49 | 11.55 | 11.76 |
| 总无机碳 | 15.31 | 16.93 | 14.35 | 14.11 | 15.38 | 16.75 |

备注："—" 数据缺失。

## 表 4-26　2004 年水化学要素

| 项　目 | 1月 | 2月 | 3月 | 4月 | 5月 | 6月 |
|---|---|---|---|---|---|---|
| 溶解氧 | 7.58 | 8.23 | 8.36 | 6.99 | 7.37 | — |
| pH | 8.11 | 7.65 | 7.69 | 7.82 | 7.38 | 7.83 |
| 碱度 | — | — | — | — | — | — |
| 硅酸盐 | — | — | — | — | — | — |
| 磷酸盐 | 0.03 | 0 | 0.01 | 0.03 | 0.03 | 0.02 |
| 亚硝酸盐氮 | 0 | 0.01 | 0.01 | 0.01 | 0 | 0 |
| 硝酸盐氮 | 0.6 | 0.4 | 0.47 | 0.31 | 0.30 | 0.30 |
| 氨态氮 | 0.36 | 0.06 | 0.99 | 0.07 | 0.04 | 0.08 |
| 硫酸盐 | — | — | — | — | — | — |
| 总有机碳 | 7.10 | 8.64 | 7.71 | 6.44 | 8.27 | 7.21 |
| 化学需氧量 | — | — | — | — | — | — |
| 生化需氧量 | — | — | — | — | — | — |
| 总磷 | 0.07 | 0.07 | 0.21 | 0.17 | 0.22 | 0.21 |
| 总氮 | 1.14 | 1.04 | 0.93 | 1.38 | 1.28 | 0.84 |
| 钾离子 | 3.68 | 2.82 | 2.92 | 4.15 | 2.66 | 4.04 |
| 钠离子 | 12.44 | 11.80 | 11.51 | 12.93 | 10.74 | 12.72 |
| 钙离子 | 14.86 | 13.35 | 12.66 | 18.03 | 11.54 | 16.99 |
| 镁离子 | 4.32 | 3.61 | 3.48 | 4.97 | 3.22 | 4.74 |
| 氯化物 | — | — | — | — | — | — |
| 总无机碳 | 11.54 | 10.40 | 11.50 | 12.43 | 17.24 | 19.04 |

| 项　目 | 7月 | 8月 | 9月 | 10月 | 11月 | 12月 |
|---|---|---|---|---|---|---|
| 溶解氧 | — | — | 7.19 | 9.14 | 8.46 | 10.28 |
| pH | 7.90 | 7.69 | 7.46 | 8.68 | 7.71 | 7.04 |
| 碱度 | — | — | — | — | — | — |
| 硅酸盐 | — | — | — | — | — | — |
| 磷酸盐 | 0.04 | 0.04 | 0.08 | 0.01 | 0.02 | 0.03 |
| 亚硝酸盐氮 | 33.26 | 11.78 | 5.27 | 11.51 | 27.86 | 8.14 |
| 硝酸盐氮 | 0.35 | 0.52 | 0.32 | 0.36 | 0.49 | 0.48 |
| 氨态氮 | 0.24 | 0.11 | 0.20 | 0.10 | 0.28 | 0.18 |
| 硫酸盐 | — | — | — | — | — | |
| 总有机碳 | 7.45 | 6.79 | 7.27 | 7.94 | 7.81 | 5.13 |
| 化学需氧量 | — | — | — | — | — | — |
| 生化需氧量 | — | — | — | — | — | — |
| 总磷 | 0.26 | 0.25 | 0.25 | 0.19 | 0.34 | 0.17 |
| 总氮 | 1.57 | 1.33 | 0.50 | 1.01 | 1.51 | 0.61 |
| 钾离子 | 2.61 | 3.03 | 3.06 | 3.26 | 2.73 | 2.45 |
| 钠离子 | 11.21 | 12.00 | 12.16 | 12.01 | 11.94 | 10.96 |
| 钙离子 | 17.02 | 13.10 | 13.20 | 14.14 | 11.83 | 10.66 |
| 镁离子 | 5.26 | 3.62 | 3.66 | 3.90 | 3.27 | 2.96 |
| 氯化物 | — | — | — | — | — | — |
| 总无机碳 | 19.76 | 14.03 | 16.51 | 17.42 | 18.71 | 21.34 |

备注："—" 数据缺失。

## 表 4-27 2003 年水化学要素

| 项　目 | 1月 | 2月 | 3月 | 4月 | 5月 | 6月 |
|---|---|---|---|---|---|---|
| 溶解氧 | — | — | — | 6.71 | 10.47 | 2.64 |
| pH | — | — | — | 7.67 | — | 7.71 |
| 碱度 | — | — | — | — | — | — |
| 硅酸盐 | — | — | — | — | — | — |
| 磷酸盐 | 0.14 | 0.05 | 0.03 | 0.11 | 0.02 | 0.13 |
| 亚硝酸盐氮 | 22.72 | 25.67 | 103.33 | 41.00 | 88.60 | 73.67 |
| 硝酸盐氮 | 1.03 | 0.96 | 0.91 | 0.92 | 0.59 | 1.01 |
| 氨态氮 | 1.17 | 0.87 | 0.37 | 0.78 | 0.04 | 1.16 |
| 硫酸盐 | 73.55 | — | — | — | — | — |
| 总有机碳 | — | — | — | 9.37 | 7.28 | 8.35 |
| 化学需氧量 | — | — | — | — | — | — |
| 生化需氧量 | — | — | — | — | — | — |
| 总磷 | 0.27 | 0.29 | 0.17 | 0.29 | 0.28 | 0.25 |
| 总氮 | 4.26 | 6.33 | 3.87 | 6.12 | 2.97 | 2.69 |
| 钾离子 | 3.34 | 3.89 | 3.21 | 3.74 | — | — |
| 钠离子 | 11.53 | 13.64 | — | — | — | — |
| 钙离子 | 23.62 | 18.43 | — | — | — | — |
| 镁离子 | 4.60 | 4.64 | — | — | — | — |
| 氯化物 | 49.58 | — | — | — | — | — |
| 总无机碳 | — | — | — | — | — | — |
| 项　目 | 7月 | 8月 | 9月 | 10月 | 11月 | 12月 |
| 溶解氧 | — | 5.60 | 8.13 | 5.79 | 7.96 | 5.81 |
| pH | 8.39 | 8.31 | 8.19 | 8.19 | 7.47 | 7.48 |
| 碱度 | — | — | — | — | — | — |
| 硅酸盐 | — | — | — | — | — | — |
| 磷酸盐 | 0.09 | 0.13 | 0.07 | 0.05 | 0.03 | 0.01 |
| 亚硝酸盐氮 | 15.00 | 23.00 | 12.67 | 46.33 | 16.33 | 3.00 |
| 硝酸盐氮 | 0.34 | 0.38 | 0.47 | 0.65 | 0.80 | 0.49 |
| 氨态氮 | 0.06 | 0.11 | 0.09 | 0.08 | 0.06 | 0.04 |
| 硫酸盐 | 34.97 | 28.41 | 28.41 | 31.33 | 55.79 | 92.90 |
| 总有机碳 | 8.78 | 9.75 | 11.48 | 10.24 | 9.62 | 7.15 |
| 化学需氧量 | — | — | — | — | — | — |
| 生化需氧量 | — | — | — | — | — | — |
| 总磷 | 0.33 | 0.21 | 0.13 | 0.08 | 0.08 | 0.07 |
| 总氮 | 2.63 | 1.16 | 1.72 | 1.46 | 1.50 | 0.78 |
| 钾离子 | — | — | 2.86 | 1.84 | 2.21 | 2.43 |
| 钠离子 | 12.74 | 12.45 | 10.60 | 7.67 | 8.76 | 9.79 |
| 钙离子 | 17.44 | 17.34 | 22.75 | 12.53 | 14.10 | 16.56 |
| 镁离子 | 4.23 | 4.45 | 3.82 | 1.48 | 2.75 | 3.30 |
| 氯化物 | 31.92 | 27.57 | 31.66 | 29.65 | 38.54 | 65.13 |
| 总无机碳 | — | — | — | — | — | — |

备注：“—”数据缺失。

## 表 4-28 2002 年东湖水体化学要素

| 项　目 | 1月 | 2月 | 3月 | 4月 | 5月 | 6月 |
|---|---|---|---|---|---|---|
| 溶解氧 | — | 11.26 | — | 10.57 | 7.37 | — |
| pH | 7.43 | 7.77 | 8.07 | 8.25 | 7.38 | — |
| 碱度 | — | — | — | — | — | — |
| 硅酸盐 | — | — | — | — | — | — |
| 磷酸盐 | — | — | — | — | — | — |

（续）

| 项　　目 | 1月 | 2月 | 3月 | 4月 | 5月 | 6月 |
|---|---|---|---|---|---|---|
| 亚硝酸盐氮 | — | — | — | — | — | — |
| 硝酸盐氮 | — | — | — | — | — | — |
| 氨态氮 | — | — | — | — | — | — |
| 硫酸盐 | — | — | — | — | — | — |
| 总有机碳 | — | — | — | — | — | — |
| 化学需氧量 | — | — | — | — | — | — |
| 生化需氧量 | — | — | — | — | — | — |
| 总磷 | — | — | — | — | — | — |
| 总氮 | — | — | — | — | — | — |
| 钾离子 | 3.74 | 2.55 | 3.16 | 3.22 | 3.21 | 3.59 |
| 钠离子 | 12.45 | 11.13 | 12.25 | 12.83 | 13.16 | 14.29 |
| 钙离子 | 17.34 | 16.16 | 16.90 | 17.26 | 17.21 | 18.03 |
| 镁离子 | 4.45 | 3.60 | 3.90 | 4.01 | 4.09 | 4.27 |
| 氯化物 | — | — | — | — | — | — |
| 总无机碳 | — | — | — | — | — | — |

| 项　　目 | 7月 | 8月 | 9月 | 10月 | 11月 | 12月 |
|---|---|---|---|---|---|---|
| 溶解氧 | 9.05 | 7.29 | 15.07 | — | 7.58 | 7.99 |
| pH | 7.69 | 5.80 | 8.35 | — | 9.01 | 6.98 |
| 碱度 | — | — | — | — | — | — |
| 硅酸盐 | — | — | — | — | — | — |
| 磷酸盐 | — | — | — | — | — | — |
| 亚硝酸盐氮 | — | — | — | — | — | — |
| 硝酸盐氮 | — | — | — | — | — | — |
| 氨态氮 | — | — | — | — | — | — |
| 硫酸盐 | — | — | — | — | — | — |
| 总有机碳 | — | — | — | — | — | — |
| 化学需氧量 | — | — | — | — | — | — |
| 生化需氧量 | — | — | — | — | — | — |
| 总磷 | — | — | — | — | — | — |
| 总氮 | — | — | — | — | — | — |
| 钾离子 | 3.64 | 3.63 | 3.32 | 3.19 | 2.94 | — |
| 钠离子 | 14.03 | 12.68 | 12.18 | 12.17 | 12.43 | — |
| 钙离子 | 43.26 | 18.43 | 17.44 | 16.97 | 16.96 | — |
| 镁离子 | 12.56 | 4.64 | 4.23 | 4.05 | 3.78 | — |
| 氯化物 | — | — | — | — | — | — |
| 总无机碳 | — | — | — | — | — | — |

备注：“—”数据缺失。

## 4.4　气象监测数据

气象监测数据包括自动观察的气象数据和人工观测的气象数据。本数据集主要包括湿度、温度、气压、降水、风速、地表温度、辐射等。

自动观测的气象要素每小时自动生成数据文件人工观测的气象要素为每天 3 次，分别为 8：00、13：00 和 20：00 进行定时观测。

由于本站 2004 年 12 月底才完成气象观测场的安装，故本次出版的气象数据为 2005—2006 年的数据。

## 4.4.1 湿度

**表 4-29 2005—2006 年自动观测气象要素——湿度**

单位：%

| 年份 | 项目＼月份 | 1 | 2 | 3 | 4 | 5 | 6 | 7 | 8 | 9 | 10 | 11 | 12 |
|---|---|---|---|---|---|---|---|---|---|---|---|---|---|
| 2006 | 月平均值 | 72 | 76 | 63 | 67 | 63 | 63 | 67 | 67 | 63 | 54 | 55 | 39 |
| | 月平均最大值 | — | — | — | — | — | — | — | — | — | — | — | — |
| | 月平均最小值 | 58 | 61 | 40 | 47 | 42 | 45 | 53 | 48 | 45 | 54 | 55 | 47 |
| | 月极大值 | — | — | — | — | — | — | — | — | — | — | — | — |
| 2005 | 月平均值 | 72 | 76 | 63 | 67 | 63 | 63 | 76 | 67 | 63 | 72 | 69 | 68 |
| | 月平均最大值 | — | — | — | — | — | — | — | — | — | — | — | — |
| | 月平均最小值 | 50 | 66 | 42 | 42 | 55 | 52 | 50 | 56 | 58 | 46 | 53 | 33 |
| | 月极大值 | — | — | — | — | — | — | — | — | — | — | — | — |

注：“—”：数据意义不大，故省略。

## 4.4.2 温度

**表 4-30 2005—2006 年自动观测气象要素——温度**

单位：℃

| 年份 | 月份 | 月平均值 | 月平均最大值 | 月平均最小值 | 月极大值 | 极大值日期 | 月极小值 | 极小值日期 |
|---|---|---|---|---|---|---|---|---|
| 2006 | 1 | 4.64 | 7.46 | 2.64 | 16.5 | 29 | −1.2 | 7 |
| 2006 | 2 | 5.82 | 8.77 | 3.67 | 16.7 | 12 | −0.8 | 28 |
| 2006 | 3 | 12.71 | 17.54 | 9.34 | 25.5 | 30 | 0.4 | 1 |
| 2006 | 4 | 18.98 | 23.89 | 15.41 | 33.2 | 3 | 4.9 | 13 |
| 2006 | 5 | 28.81 | 28.9 | 20.31 | 34.2 | 20 | 11 | 12 |
| 2006 | 6 | 28.26 | 32.67 | 24.98 | 37.6 | 21 | 19.2 | 3 |
| 2006 | 7 | 30.52 | 34.06 | 27.92 | 37.6 | 21 | 24.1 | 24 |
| 2006 | 8 | 29.92 | 34.14 | 26.7 | 39.1 | 15 | 22.6 | 3 |
| 2006 | 9 | 23.98 | 27.79 | 21.03 | 34.4 | 1 | 17.4 | 5 |
| 2006 | 10 | 21.35 | 24.99 | 18.8 | 31.3 | 16 | 14.6 | 25 |
| 2006 | 11 | 14.38 | 17.33 | 12.06 | 28.6 | 4 | 6.1 | 28 |
| 2006 | 12 | 7.33 | 10.87 | 4.96 | 15.4 | 14 | 1 | 9 |
| 2005 | 1 | 2.98 | 6.78 | 1.6 | 10.4 | 3 | −3.3 | 1 |
| 2005 | 2 | 2.89 | 5.81 | 1.78 | 13.6 | 22 | −1.5 | 20 |
| 2005 | 3 | 8.46 | 6.78 | 7.68 | 23.9 | 8 | −1.4 | 12 |
| 2005 | 4 | 16.71 | 5.81 | 17.08 | 33.7 | 30 | 9.5 | 9 |
| 2005 | 5 | 18.37 | 15.32 | 20.82 | 33.1 | 16 | 16.2 | 6 |
| 2005 | 6 | 22.63 | 32.49 | 25.3 | 36.9 | 11 | 19.2 | 7 |
| 2005 | 7 | 23.76 | 34.49 | 27.75 | 38.4 | 16 | 23.1 | 11 |
| 2005 | 8 | 21.16 | 30.76 | 24.94 | 38.9 | 11 | 19.3 | 22 |
| 2005 | 9 | 20.36 | 29.37 | 22.74 | 36.9 | 16 | 17.7 | 26 |
| 2005 | 10 | 14.65 | 22.52 | 16.39 | 27.3 | 1 | 10.7 | 23 |
| 2005 | 11 | 11.96 | 17.87 | 12.72 | 23.2 | 6 | 8.8 | 15 |
| 2005 | 12 | 5 | 9.65 | 9.65 | 18.2 | 25 | −0.6 | 6 |

## 4.4.3 气压

**表 4-31　2005—2006 年自动观测气象要素——气压**

单位：hPa

| 年份 | 月份 | 月平均值 | 月平均最大值 | 月平均最小值 | 月极大值 | 极大值日期 | 月极小值 | 极小值日期 |
|---|---|---|---|---|---|---|---|---|
| 2006 | 1 | 1 022.4 | 1 024 | 1 017.7 | 1 037.6 | 6 | 1 011.4 | 29 |
| 2006 | 2 | 1 023.9 | 1 027.1 | 984 | 1 039.3 | 9 | 1 010.1 | 12 |
| 2006 | 3 | 1 015.3 | 1 018.1 | 1 011.7 | 1 032.6 | 13 | 1 003.1 | 31 |
| 2006 | 4 | 1 008.7 | 1 011.5 | 1 005.1 | 1 023.6 | 13 | 996.5 | 11 |
| 2006 | 5 | 1 007.7 | 1 009.8 | 1 005.1 | 1 023.9 | 13 | 999.5 | 1 |
| 2006 | 6 | 1 001.7 | 1 003.3 | 999.7 | 1 008.6 | 2 | 993.3 | 9 |
| 2006 | 7 | 998.8 | 1 000.2 | 964.7 | 1 007.9 | 30 | 992.5 | 2 |
| 2006 | 8 | 1 003 | 1 004.6 | 1 000.9 | 1 009.3 | 3 | 996.3 | 11 |
| 2006 | 9 | 1 010.9 | 1 012.8 | 1 008.7 | 1 020.3 | 10 | 999.7 | 1 |
| 2006 | 10 | 1 013.4 | 1 017.3 | 1 013.6 | 1 025.2 | 26 | 1 009.3 | 4 |
| 2006 | 11 | 1 017.8 | 1 020.1 | 1 015.3 | 1 026.8 | 14 | 1 010.6 | 4 |
| 2006 | 12 | 1 025.3 | 1 027.7 | 1 022.8 | 1 034.4 | 9 | 1 015.5 | 25 |
| 2005 | 1 | 791.7 | 1 026 | 1 023.3 | 1 036.1 | 1 | 1 009.7 | 28 |
| 2005 | 2 | 874.8 | 1 025 | 1 019.2 | 1 034.3 | 19 | 1 005.1 | 23 |
| 2005 | 3 | 789 | 1 022.4 | 1015.7 | 1 035 | 5 | 1 002.9 | 10 |
| 2005 | 4 | 808.1 | 1 012.8 | 1 007.6 | 1 020.9 | 10 | 994.1 | 29 |
| 2005 | 5 | 777.6 | 1 007 | 1 001.9 | 1 013.3 | 18 | 994.4 | 5 |
| 2005 | 6 | 799.7 | 1 001.4 | 997.9 | 1 006.9 | 7 | 992.5 | 26 |
| 2005 | 7 | 774.3 | 1 002.2 | 999 | 1 006.9 | 15 | 995.7 | 21 |
| 2005 | 8 | 776 | 1 004.6 | 1 001.3 | 1 010.3 | 26 | 995 | 6 |
| 2005 | 9 | 807.5 | 1 011.6 | 1 007.6 | 1 016.6 | 27 | 1 001.2 | 3 |
| 2005 | 10 | 788.1 | 1 020.5 | 1 016 | 1 028.6 | 22 | 1 009.4 | 1 |
| 2005 | 11 | 814.6 | 1 020.5 | 1 015.8 | 1 030.1 | 21 | 1 006.4 | 5 |
| 2005 | 12 | 794.3 | 1 029 | 1 023.3 | 1 039.3 | 21 | 1 013.6 | 1 |

## 4.4.4 降水

**表 4-32　2005—2006 年自动观测气象要素——降水**

单位：mm

| 年份 | 月份 | 合计 | 最高 | 日最大值出现时间 |
|---|---|---|---|---|
| 2006 | 1 | 41.3 | 16.9 | 18 |
| 2006 | 2 | 57.3 | 10 | 27 |
| 2006 | 3 | 16.5 | 11.3 | 11 |
| 2006 | 4 | 91.5 | 48.3 | 12 |
| 2006 | 5 | 172.6 | 65.7 | 9 |
| 2006 | 6 | 45.2 | 17.8 | 14 |
| 2006 | 7 | 73.1 | 24.4 | 6 |
| 2006 | 8 | 99.1 | 36.6 | 24 |
| 2006 | 9 | 43.2 | 16.4 | 29 |
| 2006 | 10 | 42.3 | 18.7 | 22 |
| 2006 | 11 | 36.7 | 16.3 | 17 |
| 2006 | 12 | 10.4 | 3.8 | 8 |
| 2005 | 1 | 28.9 | 7.5 | 25 |
| 2005 | 2 | 87.4 | 28.1 | 14 |

（续）

| 年份 | 月份 | 合计 | 最高 | 日最大值出现时间 |
|---|---|---|---|---|
| 2005 | 3 | 20.2 | 9.1 | 21 |
| 2005 | 4 | 83.6 | 69.3 | 9 |
| 2005 | 5 | 112.8 | 40.2 | 1 |
| 2005 | 6 | 109.3 | 75.4 | 26 |
| 2005 | 7 | 43.3 | 19 | 11 |
| 2005 | 8 | 103.5 | 49.1 | 3 |
| 2005 | 9 | 168.4 | 126.1 | 3 |
| 2005 | 10 | 28.4 | 22.5 | 2 |
| 2005 | 11 | 111.4 | 36.6 | 10 |
| 2005 | 12 | 1.3 | 1 | 30 |

## 4.4.5 风速

表4-33　2005—2006年自动观测气象要素——风速

单位：m/s

| 年份 | 月份 | 月平均风速 | 月最多风向 | 最大风速 | 最大风风向 | 最大风出现日期 | 最大风出现时间 |
|---|---|---|---|---|---|---|---|
| 2006 | 1 | 1.3 | C | 6.6 | 18 | 4 | 19：00 |
| 2006 | 2 | 1.7 | NE | 7.3 | 91 | 1 | 20：00 |
| 2006 | 3 | 1 | C | 8.2 | 27 | 12 | 6：00 |
| 2006 | 4 | 1.5 | C | 9.3 | 356 | 12 | 2：00 |
| 2006 | 5 | 1.5 | C | 7.6 | 303 | 21 | 19：00 |
| 2006 | 6 | 1.1 | NE | 6.4 | 263 | 29 | 14：00 |
| 2006 | 7 | 0.9 | C | 7.5 | 249 | 3 | 21：00 |
| 2006 | 8 | 1 | C | 6.3 | 77 | 25 | 21：00 |
| 2006 | 9 | 1.7 | NE | 7.1 | 2 | 5 | 21：00 |
| 2006 | 10 | 1.1 | C | 6.3 | 63 | 17 | 10：00 |
| 2006 | 11 | 1.3 | NE | 5 | 294 | 23 | 22：00 |
| 2006 | 12 | 1.2 | NE | 6.7 | 34 | 27 | 9：00 |
| 2005 | 1 | 1.3 | NE | 6.2 | 100 | 23 | 7：00 |
| 2005 | 2 | 1.7 | NE | 5.7 | 7 | 19 | 9：00 |
| 2005 | 3 | 1.5 | NE | 8.1 | 26 | 11 | 6：00 |
| 2005 | 4 | 1.5 | NE | 8.1 | 18 | 9 | 2：00 |
| 2005 | 5 | 1.5 | NE | 7 | 7 | 5 | 19：00 |
| 2005 | 6 | 1.2 | NE | 9.2 | 30.4 | 26 | 4：00 |
| 2005 | 7 | 1.7 | NE | 10 | 72 | 18 | 20：00 |
| 2005 | 8 | 2 | NE | 8.6 | 90 | 13 | 14：00 |
| 2005 | 9 | 1.5 | C | 10 | 31 | 3 | 4：00 |
| 2005 | 10 | 1.3 | C | 6.5 | 30 | 21 | 15：00 |
| 2005 | 11 | 0.8 | C | 8.5 | 9 | 14 | 3：00 |
| 2005 | 12 | 1.2 | C | 7.2 | 58 | 4 | 10：00 |

## 4.4.6 地表温度

因本站的气象观测场建设在趸船顶部，因此无法测定地表温度。

## 4.4.7 辐射

辐射包括总辐射瞬时值、反辐射、紫外辐射、净辐射、光和有效辐射瞬时值、总辐日照数等。

辐射数据由自动观测产生，每小时生产相应的数据。

（1）总辐射

**表 4－34　2005—2006 年逐月太阳辐射自动观测记录表——总辐射**

单位：$MJ/m^2$

| 年份 | 1月 | 2月 | 3月 | 4月 | 5月 | 6月 | 7月 | 8月 | 9月 | 10月 | 11月 | 12月 |
|---|---|---|---|---|---|---|---|---|---|---|---|---|
| 2006 | 7.264 | 5.744 | 12.119 | 14.11 | 18.24 | 18.324 | 17.285 | 18.4 | 14.064 | 9.845 | 6.801 | 7.276 |
| 2005 | 7.264 | 5.398 | 11.652 | 16.66 | 16.66 | 15.537 | 16.201 | 16.354 | 13.347 | 10.272 | 7.013 | 7.539 |

（2）反射辐射

**表 4－35　2005—2006 年逐月太阳辐射自动观测记录表——反射辐射**

单位：$MJ/m^2$

| 年份 | 1月 | 2月 | 3月 | 4月 | 5月 | 6月 | 7月 | 8月 | 9月 | 10月 | 11月 | 12月 |
|---|---|---|---|---|---|---|---|---|---|---|---|---|
| 2006 | 0.603 | 0.393 | 0.754 | 0.592 | 0.74 | 0.805 | 1.014 3 | 1.172 | 0.989 | 0.791 | 0.575 | 0.61 |
| 2005 | 0.503 | 0.424 | 0.747 | 1.039 | 1.097 | 1.1 | 1.211 | 0.956 | 0.864 | 0.753 | 0.56 | 0.601 |

（3）紫外辐射

**表 4－36　2005—2006 年逐月太阳辐射自动观测记录表——紫外辐射**

单位：$MJ/m^2$

| 年份 | 1月 | 2月 | 3月 | 4月 | 5月 | 6月 | 7月 | 8月 | 9月 | 10月 | 11月 | 12月 |
|---|---|---|---|---|---|---|---|---|---|---|---|---|
| 2006 | 0.26 | 0.24 | 0.444 | 0.638 | 0.71 | 0.73 | 0.73 | 0.826 | 0.567 | 0.385 | 0.258 | 0.248 |
| 2005 | 缺失 | 缺失 | 缺失 | 缺失 | 缺失 | 缺失 | 0.884 | 0.591 | 0.571 | 0.415 | 0.278 | 0.252 |

（4）净辐射

**表 4－37　2005—2006 年逐月太阳辐射自动观测记录表——净辐射**

单位：$MJ/m^2$

| 年份 | 1月 | 2月 | 3月 | 4月 | 5月 | 6月 | 7月 | 8月 | 9月 | 10月 | 11月 | 12月 |
|---|---|---|---|---|---|---|---|---|---|---|---|---|
| 2006 | 1.716 | 1.569 | 5.851 | 7.428 | 10.061 | 11.49 | 10.823 | 11.427 | 6.733 | 3.561 | 1.269 | 0.719 |
| 2005 | 1.336 | 1.828 | 5.707 | 9.634 | 8.562 | 9.768 | 12.679 | 8.042 | 7.683 | 3.532 | 1.412 | 0.875 |

（5）光合有效辐射

**表 4－38　2005—2006 年逐月太阳辐射自动观测记录表——光合有效辐射**

单位：$MJ/m^2$

| 年份 | 1月 | 2月 | 3月 | 4月 | 5月 | 6月 | 7月 | 8月 | 9月 | 10月 | 11月 | 12月 |
|---|---|---|---|---|---|---|---|---|---|---|---|---|
| 2006 | 12.351 | 10.226 | 20.374 | 28.7 | 32.628 | 33.599 | 32.606 | 33.874 | 24.911 | 18.427 | 12.699 | 12.857 |
| 2005 | 12.253 | 10.905 | 21.518 | 29.851 | 29.024 | 30.695 | 37.664 | 28.239 | 24.428 | 18.064 | 11.998 | 11.145 |

（6）日照时数

**表 4－39　2005—2006 年逐月太阳辐射自动观测记录表——月日照总时数（h/m）**

| 年份 | 1月 | 2月 | 3月 | 4月 | 5月 | 6月 | 7月 | 8月 | 9月 | 10月 | 11月 | 12月 |
|---|---|---|---|---|---|---|---|---|---|---|---|---|
| 2006 | 81/46 | 47/47 | 158/2 | 149/10 | 201/59 | 174/37 | 171/17 | 221/34 | 175/56 | 139/20 | 106/50 | 146/23 |
| 2005 | 112/1 | 45/9 | 151/42 | 199/42 | 34/10 | 119/27 | 196/46 | 146/42 | 168/46 | 144/27 | 108/15 | 146/5 |

# 第五章

# 东湖站研究数据汇编

本章主要介绍东湖站2002—2006年来基于试点站长期定位观测研究工作的代表性成果、承担项目情况和论文发表情况等。

## 5.1 代表性成果

### 5.1.1 代表性研究成果名称“浅水湖泊内源磷负荷的生物驱动机制”

#### 5.1.1.1 研究意义

由于磷是重要的生源要素，过量的磷促进浮游植物的生长而使水质恶化，水—泥界面的磷交换机制受到广泛关注。沉积物和上覆水之间的磷交换是自然水体中磷循环的重要组成部分，这一过程同时受到物理、化学以及生物等因素的调控。由于磷是重要的生源要素，过量的磷会促进浮游植物的生长，甚至导致有毒蓝藻水华的爆发，因此沉积物中磷的含量及其向水柱中的移动引起广泛的关注(Wetzel 2001)。一般认为沉积物的磷释放模式在浅水湖泊和深水湖泊之间有很大的差异：深水湖泊夏季会形成厌氧的滞水层（anoxic hypolimnion），促进与氧化还原电位有关的铁磷的磷释放过程，增加内源负荷（Bostrom et al.，1982；Nurnberg，1988)，而在浅水湖泊，由于一年四季水柱中氧化条件都相对较好，所以表层沉积物都形成很好的氧化层（oxidized layer）从而阻止沉积物中磷的释放(Sondergaard et al.，2001)。但也有研究表明，即使上覆水是有氧的，沉积物也能释放磷（Lee et al.，1977；Jensen et al.，1992)。最近的许多研究表明，浅水湖泊的磷释放能占到整个磷负荷的相当大的比例，有时甚至超过外源负荷（Boers et al.，1998；Sondergaard et al.，1999，2001)。相对于深水湖泊来说，浅水湖泊的单位水容积具有较大的沉积物表面积，而且沉积物与植物光合作用层有更频繁的直接接触。因此，一方面水—泥界面的相互关系可能对水柱中磷含量的影响更大，另一方面水—泥界面磷的释放可能与植物的光合作用的关系更加密切。SMITH（Science，1983）提出了著名的氮磷比学说，即当水体中的TN/TP大于29，将会减少藻类生物量中蓝藻的比例，蓝藻水华很少发生，而反之，在TN/TP比小于29的湖泊中蓝藻易占优势，水华蓝藻也易爆发。此后，围绕这一学说的争议不断，但一直没有确定性的结论。另一方面，在探讨沉积物中磷释放机制时人们一直最关注的要素为铁和氧及其相关的环境因子（如扰动、分解)，但是浅水湖泊中磷含量变化的大部分结果仍然无法解释。

综上，本研究的主要目的是通过分析在亚热带的武汉东湖及欧洲的温带浅水湖泊中所进行的关于沉积物磷释放的野外和实验研究，讨论浅水湖泊内源磷负荷季节变化的规律及其驱动机制。

#### 5.1.1.2 项目来源

中科院知识创新重大工程项目“长江中下游地区湖泊富营养化的发生机制与控制对策研究”，国家杰出青年基金“富营养型浅水湖泊藻类水华爆发及产毒机制的研究”。

#### 5.1.1.3 重大结果

(1) 首次报道了蓝藻水华爆发直接导致沉积物中磷的大量释放的现象及机制。

通过将长期生态学、实验湖沼学及比较湖沼学相结合的手段，发现了蓝藻水华对沉积物中磷的选择性泵吸作用，从而认为国际上流行的N/P比学说不能用于解释富营养水体中蓝藻水华的爆发机制，即低 N/P 比不是原因而是结果。围隔实验发现（a）蓝藻水华的爆发导致了水体中 pH 值的升高和 $NO^3$ - N 的降低，（b）而 pH 值的升高有利于底泥中磷的释放，$NO^3$ - N 的降低近一步抑制了颗粒磷的沉积，从而导致了水体中磷的增加；（c）活性磷是蓝藻水华爆发的关键性因子，减少水体中磷的含量能够有效的控制蓝藻水华（Xie et al. 2003a，b）。

相关研究得到同行的高度评价。如发表在 SCI 源刊 *Environmental Pollution* 上：Xie L. Q.，Xie，P. & Tang，H. J.（2003）Enhancement of dissolved phosphorusrelease from sediment to lake water by Microcystis blooms-an enclosure experiment in a hyper-eutrophic，subtropica l Chinese. Environ. Pollut. 122：391 - 399 上的论文，审稿人＃1 的评价："The results provided offer convincing evidence that，even under ambient chemica l conditions，Microcystis blooms can effect substa ntial solubiliza tion of sediment phosphorus. Estima tes of the rates of internal load ingresulting from this mecha nism are quite impressive. ……"。审稿人＃2 的评价：" This is an interesting article，which attempts to link photosynthetically-driven increases in pH in a hypereutrophic lake with enhanced phophorus release from the sediments. A set of me socosms was used to demonstrate that when sediments were present，P（as phospha te）release was significa ntly enhanced in the presence of Microcystis（cya nobacteria）blooms. The mecha nism of pH-mediated P release under bloom conditions has obvious and important ecological and biogeochemica l ramifica tions. ……"

（2）区域湖沼学研究发现浮游植物和细菌的联合作用导致夏季 TN/TP 比降低。

对长江中下游 33 个浅水湖泊的比较湖沼学研究发现，TN/TP 比随 TP 浓度呈降低的趋势，生长季节总氮及各种无机氮的浓度明显低于非生长季节，说明氮（尤其是氨氮和硝态氮）在生长季节的降低是 TN/TP 比降低的重要原因．而且这种下降的现象在富营养、超富营养状态十分明显。生长季节 TN/TP 比低于非生长季节在由浮游植物和细菌的作用所导致的沉积物磷的释放及氮的减少是导致生长季节 TN/TP 比降低的重要原因（Wu et al. 2006）。

#### 5.1.1.4 相关科研产出

（1）Xie，L. & Xie，P.（2002）Long-term（1956—1999）dynamics of phosphorus in a shallow，subtropica l Chinese lake with the possible effects of cyanobacteria l blooms. Water Res. 36：342 - 349.（JCR 分类排名前 15％SCI 刊物）.

（2）Xie，L. Q.，Xie，P. & H. J. Tang（2003a）Enhancement of dissolved phosphorus release from sediment to lake by Microcystis blooms-an enclosure experiment in a hypereutrophic，subtropica l Chinese lake. Environ. Pollut. 122：391 - 399（JCR 分类排名前 15％SCI 刊物）.

（3）Xie，L. Q.，Xie，P.，Li，S. X.，Tang，H. J. & Liu，H.（2003b）The low TN：TP ratio，a cause or a result of Microcystis blooms? Wat. Res. 37：2073 - 2080（JCR 分类排名前 15％SCI 刊物）.

（4）Xie P. 2006. Biological mecha nisms driving the seasona l changes in the internal load ing of phosphorus in shallow lakes. Science in China（Series D）49（Suppl. I）：14 - 27.

（5）Wu SK，Xie P，Wang SB & Zhou Q. 2006. Changes in the patterns of inorganic nitrogen and TN/TP ratio and the associa ted mecha nisms of biologica l regulation in the shallow lakes along the midd le and lower reaches of the Yangtze River. Science in China（Series D）49（Suppl. I）：126 - 134.

#### 5.1.1.5 第三方科学引证

譬如：Xie et al. 2003a 被以下论文引用：

（1）Verspagen JMH，Snelder EOFM，Visser PM，et al.. Benthic-pela gic coupling in thepopulation dynamics of the harmful cyanobacterium Microcystis. FRESHWATER BIOLOGY 50（5）：854 - 867 MAY 2005.

(2) Hong KJ, Tarutani N, Shinya Y, et al.. Study on the recovery of phosphorus from waste-activated slud ge incinerator ash. JOURNAL OF ENVIRONMENTAL SCIENCE AND HEALTH PART A-TOXIC/HAZARDOUS SUBSTANCES & ENVIRONMENTAL ENGINEERING 40 (3): 617 - 631 2005.

(3) Jin XC, Wang SR, Pang Y, et al. Phosphorus fractions and the effect of pH on the phosphorus release of the sediments from different trophic areas in Taihu Lake, China ENVIRONMENTAL POLLUTION 139 (2): 288 - 295 JAN 2006.

(4) Wang SR, Jin XC, Zhao HC, et al. Phosphorus fractions and its release in the sediments from the shallow lakes in the midd le and lower reaches of Yangtze River area in China COLLOIDS AND SURFACES A - PHYSICOCHEMICAL AND ENGINEERING ASPECTS 273 (1 - 3): 109 - 116 FEB 1 2006.

(5) Jia ng X, Jin XC, Yao Y, et al. Effects of oxygen on the release and distribution of phosphorus in the sediments under the light condition ENVIRONMENTAL POLLUTION 141 (3): 482 - 487 JUN 2006.

(6) Qin BQ, Zhu GW. 2006. The nutrient forms, cycling and excha nge flux in the sediment and overlying water system in lakes from the midd le and lower reaches of Yangtze River. Science in China (Series D) 49 (Suppl. I): 1 - 13.

(7) Zha ng L et al. 2006. Wind-wa ve affected phospha te load ing variations and their relationship to redox condition in Lake Taihu. Science in China (Series D) 49 (Suppl. I): 54 - 161.

(8) Gao G et al. 2006. Alkaline phospha tase activity and the phosphorus minera liza tion rate of Lake Taihu. Science in China (Series D) 49 (Suppl. I): 176 - 185.

(9) Luo LC et al. 2006. Nutrient fluxes induced by disturba nce in Meilia ng Bay of Lake Taihu. Science in China (Series D) 49 (Suppl. I): 186 - 192.

譬如：论文 2 (Xie et al. 2003b) 被以下论文引用：

(1) Svrcek C, Smith DW. Cyanobacteria toxins and the current state of knowledge on water treatment options: a review. JOURNAL OF ENVIRONMENTAL ENGINEERING AND SCIENCE 3 (3): 155 - 185 MAY 2004.

(2) Aboal M, Puig MA. Intracellular and dissolved microcystin in reservoirs of the river Segura basin, Murcia, SE Spain. TOXICON 45 (4): 509 - 518 MAR 15 2005.

(3) Aboal M, Puig MA, Asencio AD. Production of microcystins in calcareous med iterranean streams: The Alharabe River, Segura River basin in south-east Spain. JOURNAL OF APPLIED PHYCOLOGY 17 (3): 231 - 243 MAY 2005.

(4) Ame MV, Wunderlin DA. Effects of iron, ammonium and temperature on microcystin content by a natural concentrated Microcystis aeruginosa population. WATER AIR AND SOIL POLLUTION 168 (1 - 4): 235 - 248 NOV 2005.

(5) Jayatissa LP, Silva EIL, McElhiney J, Lawton LA. Occurrence of toxigenic cyanobacteria l blooms in freshwaters of Sri Lanka. Systema tic and Applied Microbiology 168 (1 - 4): 235 - 248 NOV 2005.

(6) Luo LC et al. 2006. Nutrient fluxes induced by disturba nce in Meilia ng Bay of Lake Taihu. Science in China (Series D) 49 (Suppl. I): 186 - 192.

论文 3 (Xie 2006) 被以下论文引用：

(1) Qin BQ, Zhu GW. 2006. The nutrient forms, cycling and excha nge flux in the sediment and

overlying water system in lakes from the midd le and lower reaches of Yangtze River. Science in China (Series D) 49 (Suppl. I): 1－13.

(2) Liu J et al. Study on the nutrient evolution and its controlling factors of Longgan Lake for the last 200 years. Science in China (Series D) 49 (Suppl. I): 193－202.

#### 5.1.1.6 具体引证举例

(1) 加拿大科学家 Svrcek C 和 Smith DW（1983 年在 Science 上发表论文提出 N/P 学说的作者）在他们的论文“Cyanobacteria toxins and the current state of knowledge on water treatment options: a review. J. Environ. Eng. Sci. 2004, 3: 155－185”中评述：There is some debate as to the absolute and relative amounts of Nitrogen and phosphorus, as well as the forms of these nutrients, required to initiate a toxic cyanobacteria bloom (Smith 1983; Levine and Schindler 1999; Xie et al. 2003). Above certain absolute amounts of these growth nutrients the relative amounts begin to loss significa nce, however, low nitrogen and phosphorus ratios may favour the formation of nitrogen-fixing blooms (Xie et al. 2003).

(2) Aboal & Puig (2005) 评述到：“It has been proposed that reactive phosphorus, rather than a low N: P ratio, is the key regulatory factor for establishing the domina nce of the non-nitrogen-fixing cyanobacteria, at least in highly eutrophic systems (Xie et al., 2003).”

(3) Liu et al. (2006) 用浮游植物大量繁殖对沉积物中 P 的泵吸作用来解释龙感湖沉积物 P 的历史变化机制：“The correla tion between the sediment TP concentration and pla nktonic diatom was posive before 1950, whicn reflects that the rising productivity is advantage to the accumula tion of the phosphorus in the sediment. But after 1950, the correla tion between the sediment TP concentration and pla nktonic diatom became nega tive, which indica tes that the pla nktonic algae induces the process of selective pumping the phosphorus from the sediment to the overlying lake water (Xie 2006)”.

### 5.1.2 代表性研究成果名称“微囊藻毒素在生物体内分布、累积和清去规律，和在区域湖泊中分布规律”

#### 5.1.2.1 研究意义

微囊藻毒素（Microcystins）由于其毒性较大，分布广泛，并可通过其他途径直接威胁人类健康，已成为生命科学、医学、环境保护及社会公众广泛关注的热点之一。我国近年的调查显示，“三湖”（滇池、太湖、巢湖）已出现严重污染，长江、黄河中下游部分水库、湖泊也检测出微囊藻毒素，对人群健康构成潜在危害，并已引起各方面关注。因此，有必要对流域范围内富营养化湖泊中微囊藻毒素进行调查，并评价其生态毒性风险。在富营养化水体中，滤食性鱼类（鲢、鳙）可大量滤食有毒蓝藻水华（谢平，2003），杂食性鱼类（鲤、鲫）和底栖动物（螺、蚌）也能摄入部分有毒藻类，刮食性鱼类（青鱼）可能摄食底栖动物，因而微囊藻毒素可能在鱼体内累积和净化，并在食物链中传递，进而影响人类健康。研究微囊藻毒素在鱼体内的累积与净化机制，不仅有助于评价鱼类等生物品的食用安全性，也是非经典生物操纵理论的重要补充。

Xie 等（2004）首次通过的关于藻毒素对鱼类的亚慢性毒性实验，研究了水华蓝藻的次生代谢产物—藻毒素在白鲢（非经典生物操纵的重要鱼类）体内的分布和清去规律。Chen 等（2005）以及 Chen 和 Xie（2005）首次研究了微囊藻毒素在底栖动物中的分布和累积规律，在国际上首次发现藻毒素在铜锈环棱螺生殖器官中的累积。在巢湖的研究表明鲢可能存在某种机制可活跃地降解 MCLR（最常见且毒性最大的微囊藻毒素）及阻止 MC－LR 穿过肠壁，同时鲢对有毒蓝藻的牧食能力表明鲢可用来清除富营养水体中的藻毒素污染（Xie et al. 2005）。

5.1.2.2 项目来源

国家杰出青年科学基金“富营养型浅水湖泊藻类水华爆发及产毒机制的研究”、中科院知识创新工程重大项目“长江中下游地区湖泊富营养化的发生机制与控制对策研究”、中科院知识创新方向性项目“再生性有机污染物微囊藻毒素对水产品安全性的影响”。

5.1.2.3 重大结果

首次研究了水华蓝藻的次生代谢产物—藻毒素在白鲢（非经典生物操纵的重要鱼类）体内的分布和清去规律，这也是国际上首次进行的关于藻毒素对鱼类的亚慢性毒性实验研究。首次研究了微囊藻毒素在底栖动物中的分布和累积规律，在国际上首次发现藻毒素在铜锈环棱螺生殖器官中的累积。研究表明鲢可能存在某种机制可活跃地降解 MC－LR（最常见且毒性最大的微囊藻毒素）及阻止MCLR 穿过肠壁，同时鲢对有毒蓝藻的牧食能力表明鲢可用来清除富营养水体中的藻毒素污染。分析测定了中国第五大淡水湖泊—巢湖蓝藻水华爆发期（2003 年 8 月）不同营养级鱼类（共计 7 种）的各种器官中藻毒素的分布特征。完成了巢湖铜锈环棱螺（2003 年 6—11 月期间）在体内各组织中微囊藻毒素的测定（用液质联用仪定性、用 HPLC 定量），同时也分析了微囊藻毒素在铜锈环棱螺的肝胰腺，性腺，消化道（包括胃和肠）及足中的含量规律。测定分析了微囊藻毒素在秀丽白虾和日本沼虾的组织器官中的分布情况，以及季节变化特征。

5.1.2.4 相关科研产出

（1）Xie，L. Q.，Xie，P.，Ozawa，K.，Honma，T.，Yokoyama，A. & Park，H. D.（2004）Dynamics of microcystins-LR and -RR in the pla nktivorous silver carp in a subchronic toxic experiment. Environ. Pollut. 127：431－439（JCR 分类排名前 15%SCI 刊物）.

（2）Xie L Q，Xie P，Guo L G，Li L，Yuich i M & Park H D（2005）Organ distribution and bioaccumulation of microcystins in freshwater fishes with different trophic levels from the eutrophic Lake Chaohu，China. Environ Toxicol. 20：293－300（JCR 分类排名前 15%SCI 刊物）.

（3）Chen J，Xie P，Guo L G，Zheng L & Ni L Y（2005）Tissue distributions and seasona l dynamics of the hepatotoxic microcystins -LR and -RR in a freshwater snail（*Bellamya aeruginosa*）from a large shallow，eutrophic lake of the subtropica l China. Environ. Pollut. 134：423－430（JCR 分类排名前 15%SCI 刊物）.

（4）Chen，J. & Xie P（2005a）Tissue distributions and seasona l dynamics of the hepatotoxic microcystins -LR and -RR in two freshwater shrimps，*Palaemon modestus and Macrobrachium nipponensis*，from a large shallow，eutrophic lake of the subtropica l China. Toxicon 45：615－625.

（5）Chen J & Xie P.（2005b）Seasonal dynamics of the hepatotoxic microcystins in various organs of four freshwater biva lves from the large eutrophic Lake Taihu of the subtropica l China and the risk to human consumption. Environ Toxicol. 20：572－584（JCR 分类排名前 15%SCI 刊物）.

5.1.2.5 第三方科学引证

Xie et al. 2004 被以下论文引用：

（1）Titus A. M. et al. Evaluation of methods for the isola tion，detection and quantification of cyanobacteria l hepatotoxins AQATIC TOXICOLOGY. 78：382－39.

（2）Smith J.L. and Haney J.F. Foodweb transfer，accumula tion，and depuration of microcystins，a cyanobacteria l toxin，in pumpkinseed sunfish（Lepomis gibbosus）. TOXICON. 2006. 7. 2006.

（3）Boaru D A et al. Toxic potentia l of microcystin-conta ining cyanobacteria l extracts from three Roma nian freshwaters. TOXICON. 47. 2006.

（4）Liao WQ et al. Molecular cloning and characteriza tion of alpha-class glutathione

Stransferase gene from the liver of silver carp, bighead carp, and other major Chinese freshwater fishes. J BIOCHEM MOLECULAR TOXICOLOGY. 20.

(5) Mohamed ZA, Hussein AA. Depuration of microcystins in tilapia fish exposed to natural populations of toxic cyanobacteria: A laboratory study ECOTOXICOLOGY AND ENVIRONMENTAL SAFETY 63 (3): 424 - 429 MAR 2006.

(6) Cazena ve, J; Bistoni, MDA; Pesce, SF; Wunderlin, DA. 2006. Differentia l detoxification and antioxida nt response in diverse organs of Corydoras paleatus experimentally exposed to microcystin-RR. AQUATIC TOXICOLOGY, 76 (1): 1 - 12.

(7) Molina, R; Moreno, I; Pichardo, S; Jos, A; Moyano, R; Monterde, JG; Camean, A. 2005. Acid and alkaline phospha tase activities and pathologica l changes induced in Tilapia fish (Oreochromis sp. ) exposed subchronically to microcystins from toxic cyanobacteria l blooms under laboratory conditions. TOXICON, 46 (7): 725 - 735.

(8) Cazena ve, J; Wunderlin, DA; Bistoni, MDL; Ame, MV; Krause, E; Pflugmacher, S; Wiega nd, C. 2005. Uptake, tissue distribution and accumula tion of microcystin-RR in Corydoras paleatus, Jenynsia multidentata and Odontesthes bonariensis-A field and laboratory study. AQUATIC TOXICOLOGY, 75 (2): 178 - 190.

(9) Ibelings, BW; Bruning, K; de Jonge, J; Wolfstein, K; Pires, LMD; Postma, J; Burger, T. 2005. Distribution of microcystins in a lake foodweb: No evidence for bioma gnifica tions. MICROBIAL ECOLOGY, 49 (4): 487 - 500.

(10) Perez, S; Aga, DS. 2005. Recent advances in the sample preparation, liq uid chromatography tandem mass spectrometric analysis and environmental fate of microcystins in water. TRAC-TRENDS IN ANALYTICAL CHEMISTRY, 24 (7): 658 - 670.

(11) Bogialli, S; Bruno, M; Curini, R; Di Corcia, A; Lagana, A; Mari, B. 2005. Simple assay for analyzing five microcystins and nodularin in fish muscle tissue: Hot water extraction followed by liq uid chromatography-tandem mass spectrometry. JOURNAL OF AGRICULTURAL AND FOOD CHEMISTRY, 53 (17): 6586 - 6592.

(12) Moreno, IM; Molina, R; Jos, A; Pico, Y; Camean, AM. 2005. Determination of microcystins in fish by solvent extraction and liq uid chromatography. JOURNAL OF CHROMATOGRAPHY A, 1080 (2): 199 - 203.

Xie et al. (2005) 被以下论文引用:

(1) Titus A. M. et al. Evaluation of methods for the isola tion, detection and quantification of cyanobacteria l hepatotoxins AQATIC TOXICOLOGY. 78: 382 - 397. 2006.

(2) Dittmann E, Wiega nd C Cyanobacterial toxins-occurrence, biosynthesis andimpact on human affairs MOLECULAR NUTRITION & FOOD RESEARCH 50 (1): 7 - 17 JAN 2006.

(3) Cazena ve, J, Bistoni, MDA, Pesce, SF, Wunderlin, DA, 2006. Differentia ldetoxification and antioxida nt response in diverse organs of Corydoras paleatusexperimentally exposed to microcystin-RR. AQUATIC TOXICOLOGY 76 (1): 1 - 12.

(4) Cazena ve, J, Wunderlin, DA, Bistoni, MDL, Ame, MV, Krause, E, Pflugmacher, S, Wiega nd, C, 2005. Uptake, tissue distribution and accumula tion of microcystin-RR in Corydoras paleatus, Jenynsia multidentata and Odontesthes bonariensis-Afield and laboratory study. AQUATIC TOXICOLOGY 75 (2): 178 - 190.

Chen and Xie (2005) 被以下论文引用:

（1）Titus A. M. et al. Evaluation of methods for the isola tion，detection and quantification of cyanobacteria l hepatotoxins AQATIC TOXICOLOGY. 78：382－397. 2006.

（2）Fu，WY，Xu，LH，Yu，YN，2005. Proteomic analysis of cellular response to microcystin in human amnion FL cells. JOURNAL OF PROTEOME RESEARCH 4（6）：2207－2215.

Chen et al.（2005）被以下论文引用：

（1）Titus A. M. et al. Evaluation of methods for the isola tion，detection and quantification of cyanobacteria l hepatotoxins AQATIC TOXICOLOGY. 78：382－397. 2006.

（2）Aboal，M；Puig，MA；Asencio，AD 2005. Production of microcystins in calcareous med iterranean streams：The Alharabe River，Segura River basin in south-east Spain. JOURNAL OF APPLIED PHYCOLOGY，17（3）：231－243.

（3）Lance E，Brient L，Borma ns M. and Gérard C. Interactions between cyanobacteria and Gastropods：I. Ingestion of toxic Planktothrix agardhii by Lymnaea stagnalis and the kinetics of microcystin bioaccumulation and detoxification. Aquatic Toxicology，2006.

## 5.1.3 代表性研究成果名称“浅水富营养湖泊巢湖食物网结构与种群动态研究”

### 5.1.3.1 研究意义

理解生态系统食物网结构和生物营养级关系是现代生态学最重要和最基础的研究内容之一。认清生态系统食物网结构和营养级关系有助于科学家更好地理解和解释生态系统的特征和过程，包括能量的流动和元素的生物地球化学循环。在水生生态学研究中，食物网结构的研究在恢复湖泊生态系统、评价湖泊在元素循环过程中的作用以及评价湖泊生态系统对环境变化的响应等方面的作用至关重要。但是，水生环境自身的复杂性限制了水生生态学家对水生生态系统物质循环和能量流动的理解。稳定性同位素技术已经成为研究生态系统食物网结构和营养关系及其动态变化的重要手段。尤其是碳、氮两种稳定性同位素）已经广泛应用到生态系统食物网结构及变化，以及生物营养级关系的研究中。应用稳定性同位素技术研究淡水生态系统食物网结构和营养级位置的工作在国内还非常少。所以，本研究选取了武汉东湖以及中国五大淡水湖之一的巢湖作为研究对象，应用碳、氮两种稳定性同位素分析巢湖生态系统的多种初级生产者和水生动物。本研究的主要目的是构建巢湖主要生物类群的食物网结构和营养级关系，分析不同碳源（例如浮游植物、底栖藻类、水生高等植物等）对食物网中消费者的贡献，同时探讨相关结果的生态学意义。

### 5.1.3.2 项目来源

国家杰出青年科学基金“富营养型浅水湖泊藻类水华爆发及产毒机制的研究”、中科院知识创新工程重大项目“长江中下游地区湖泊富营养化的发生机制与控制对策研究”，CERN 运行费。

### 5.1.3.3 重大结果

在东湖生态系统中，大量的外来营养物质的输入导致Ⅰ和Ⅱ采样点的 $\delta^{15}N$ 显著高于Ⅲ采样点；沉积物中存在大量的沉水植物碎屑的Ⅲ采样点的 $\delta^{13}C$ 显著高于Ⅰ和Ⅱ采样点，原因是沉水植物 $^{13}C$ 的含量要显著高于浮叶植物和挺水植物；浮游动物、底栖动物和浮游食性的鱼类的 $\delta^{13}C$ 与浮游植物的 $\delta^{13}C$ 相近，变化约在 0‰～1‰，这说明浮游植物是东湖食物网的主要碳源之一；通过 $\delta^{15}N$ 质量平衡模型计算得出浮游动物在滤食性鲢鳙鱼的食性中所占百分比分别为 54％和 74％。通过稳定性同位素技术研究巢湖食物网结构，结果表明巢湖生态系统生物的 $\delta^{13}C$ 和 $\delta^{15}N$ 反映只有很少一部分鱼类或底栖无脊椎动物种类清晰的反映出属于某一特定的营养级或者简单的营养级关系，大多数生物的 $\delta^{15}N$ 存在一定水平的重叠，反映了营养级变化的连续性。巢湖初级生产者的稳定性同位素的季节和空间变化是引起消费者同位素变化的因素之一。同时巢湖大多数消费者均为杂食性，大多数消费者的胃含物中同时出现藻类、浮游动物、底栖底栖动物（如水生昆虫的幼虫）这也是引起 $\delta^{15}N$ 的富集与喂食实验中 3‰～4‰产生差异的主要原因。同时高营养级生物的 $\delta^{13}C$ 的变化在一定水平上也是由于生物的杂食性引起的。本研究结果显示在浅水富营养化湖泊巢湖中食物网结构和营养级关系变化复杂，受到诸如碳源的季节和空间变化以及生物食物来源的变化等多种因素的影响。大量生物食性复杂，限制了营养级的评价，但是证明了杂食性生物普遍存在水生生态系统。尽管巢湖主要碳源的时空变化，以及生物间同位素的相互重叠限制了应用稳定性同位素评价不同碳源对食物网中不同生物的贡献，但是 $\delta^{13}C$ 结果表明，巢湖食物网中绝大多数生物的主要碳源以湖泊内的浮游植物、底栖藻类以及沉水植物为主，陆源的碳源对食物网的贡献相对较小。湖鲚和颗粒有机物 $\delta^{13}C$ 之间的显著正相关关系说明初级生产者 $\delta^{13}C$ 的季节变化通过食物链内的跨营养级传递作用反映到更高营养级生物的体内，湖鲚的营养级位置为 2.9～4.1（3.5±0.4），这说明湖鲚食物来源不仅仅是浮游动物，同时还包括鱼类。对巢湖湖鲚（*Coilia ectenes taihuensis*）不同体长的肌肉 $\delta^{13}C$ 和 $\delta^{15}N$ 组成分析过程中也发现小湖鲚（≤130mm）与大湖鲚（>130mm）之间 $\delta^{13}C$ 和 $\delta^{15}N$ 存在显著性差异，这说明湖鲚存在个体发育过程中食性转变的现象，即两种湖鲚处于食物网中的不同位置，其中小湖鲚主要是以浮游性食物来源为主，而大湖鲚的摄食方式更偏向于底栖食性和肉食性。

#### 5.1.3.4 相关科研产出

（1）Xu J，Xie P. 2004. Studies on the food web structure of Lake Donghu using stable carbon and nitrogen isotope ratios. J. Freshw. Ecol. 19：645－650.（SCI）.

（2）Xu J，Xie P，Zha ng M & Yang H.（2005）Variation in stable isotope signatures of seston and a zoopla nktivorous fish in a eutrophic Chinese lake. Hydrobiologia 541：215－220.

（3）Geng H，Xie P，Deng D & Zhou Q（2005）The rotifer assembla ge in a shallow，eutrophic Chinese lake and its relationships with cyanobacteria l blooms and crustacean zoopla nkton. J. Freshw. Ecol. 20：83－100.

（4）张敏，谢平，徐军，刘兵钦，杨洪．2005. 大型浅水湖泊—巢湖内源磷负荷的时空变化特征及形成机制．中国科学 D 辑 35（增刊Ⅱ）：63－72.

### 5.1.4 代表性研究成果名称“太湖梅梁湾生物控藻的生理生态学研究”

#### 5.1.4.1 研究意义

我国近年调查，随着富营养化的加剧，藻类水华发生的频率和幅度也增加。滇池、太湖和巢湖已出现因蓝藻生长而引起的严重蓝藻水华，同时长江、黄河中下游许多水库、湖泊也出现有毒水华的发生，对水环境的危害和水生生物的安全日益引起广泛的关注。蓝藻水华的破坏了水生态系统的结构和功能，同时也严重影响景观。其代谢产物藻毒素在水生生物体内富集，进而通过食物链的传递危害人体健康。因此，有效控制和消除有毒水华的发生，是国际社会备受关注的热点问题。采用放养鲢鳙鱼直接控制蓝藻水华的“生物操纵”法是利用生态系统食物链摄取的原理来控制或抑制水华的方法。主要是利用藻类吸收水体中的氮磷、鲢鳙鱼摄取藻类这一食物链转换关系来控制蓝藻恶性增长，再通过成鱼捕捞，移走水体中的营养物质，从而达到减轻湖泊污染负荷，改善水质的目的。该方法的应用使得东湖长达数年的蓝藻水华在 20 世纪 80 年代中期消失，同时也在其他有水华爆发的富营养水体，例如滇池，取得了较好效果。

本研究以太湖梅梁湾围栏区为研究示范区域，通过研究环境因子、生源要素和各类水生生物的长期生态学变化研究，以及藻毒素的分布、降解和食物链迁移规律，建立适用于我国富营养化水体水质改善和净化的滤食性鱼类控制蓝藻水华的生物控藻新技术，达到经济、高效和生态系统自我调节的水质净化和水生态系统恢复的目的。

#### 5.1.4.2 项目来源

“863”计划，太湖水专项“太湖水污染控制与水体修复技术及工程”。

5.1.4.3 重大结果

工程所处的湖区为太湖北部的梅梁湾湖区，面积 160km$^2$。该区域月平均风速 4.0～5.2m/s，适合于藻类生长的夏秋季节主导风向为东南风或偏南风。水质相对较差的冬季，盛行东北风、北偏西及西偏北风；夏季 6 月—9 月期间是藻类生长的季节，偏南风由于吹程长，示范区一带常常是风高浪急。实测到的最大风速可达 17.2 m/s。2004－02－24 完成围网工程建设，面积 1.032km$^2$，围栏网总长 10 360m，网高 5m，围栏四周采用双层网，分隔网用单层网。2004 年和 2005 年出向围栏投放鲢鳙鱼种，通过滤食性鱼类控制蓝藻水华的生物控藻新技术，达到经济、高效和生态系统自我调节的水质净化效果目的。以 2005 年为例，1 月 31 日前共投放鲢鳙鱼种 3.278 万 kg（其中鳙 0.8 万 kg），规格为 50～255g/ind.，合计尾数 31.1 万尾，鲢鳙比例鲢：鳙＝3.52：1。经过一年的生长，鳙鱼的体重从放养时（1 月）的 139g 增加到 11 月份的 1 344g，增加了 9.6 倍。鲢从 1 月份的 160g 增加到 11 月份的 1 218g，增加了 7.6 倍。12 月捕捞鲢鳙产量为 11.663 万 kg，其中鳙的产量约占 37.4%。经济效益分析，2005 年围网投放滤食性鱼类（鲢鳙）的投入产出比＝1：1.75。从食性分析来看，鳙的饵料主要以浮游动物为主，鲢的饵料中浮游植物略微占据优势。在蓝藻水华大量爆发的 7～8 月，微囊藻在鲢鳙的肠含物中的比重分别达到 43.7%和 66.6%。根据摄食节律结果，结合鱼类摄食排空率和当月围栏鱼类的存栏量，估算得出围栏鲢鳙每天可消耗 1.12 万 kg 蓝藻（湿重），生态效果显著。试验期间，由于围网内外水体交换快，围网内外的营养盐指标变化不大，围网内外差异并不显著。但在水华大量爆发的 2005 年 8 月，围网内的叶绿素含量远低于围网外。围网内浮游植物平均生物量低于围网外。在水华爆发期间，围网内外的浮游植物生物量均主要来自微囊藻（72.0%，8 月），但围网内的硅藻和隐藻也有一定的份额，而在围网外，由于缺乏鲢、鳙对微囊藻的控制作用，微囊藻在浮游植物总生物量的比例甚高。围栏内外轮虫群落结构变化不明显，但围栏内浮游甲壳动物的总平均密度远低于围网外，分别为 154ind./L 和 191ind./L。

总体来说，在梅梁湾蓝藻水华爆发期间，围网中的鲢、鳙对微囊藻生物量的控制达 38%，同时，鲢鳙的牧食不仅导致蓝藻总生物量的下降，还导致了蓝藻的相对比例的显著下降。鲢鳙的摄食也大幅度降低水体中的藻毒素含量（降低幅度：7 月份达 77%，9 月份为 38%）。因此，在梅梁湾通过非经典生物操纵来控制水华蓝藻及微囊藻毒素污染是一条行之有效的方法。

由此可见，以投放滤食性鱼类鲢鳙控制蓝藻水华成果能够为我国许多类似湖泊的治理提供依据。建议在蓝藻水华爆发的富营养湖泊投放一定量的滤食性鱼类。鲢鳙控藻由于具有较高的投入产出比，既可带来显著的经济效益，同时由于可消除水体中相当数量的蓝藻，又有显著的社会效益（减轻水体污染负荷、提高水体环境质量）。因此，像非经典生物操纵这样的生物控藻技术，可以变废为宝，呈现出一种循环经济模式。

5.1.4.4 相关科研产出

（1）Chen J & Xie P.（2005）Seasonal dynamics of the hepatotoxic microcystins in various organs of four freshwater biva lves from the large eutrophic Lake Taihu of the subtropica l China and the risk to human consumption. Environ Toxicol. 20：5.

（2）Chen J，Xie P.，Zha ng DW and Lei HH.（2006）In situ studies on the distribution patterns and dynamics of microcystins in a bioma nipulation fish-bighead carp（Aristichthys nobilis）. Environ Pollut. 72－584.

## 5.1.5 代表性研究成果名称“水体铵浓度升高导致沉水植物苦草在长江流域浅水湖泊衰退的机理研究”

5.1.5.1 研究意义

对武汉东湖的长期生态学研究表明水生植被的退化是水体富营养化、渔业强度增加、水体分割等人类活动导致的后果。这些因素主要造成水体弱光、低氧，水生植物营养富集氮磷等营养过高、着生藻增加，以及相关的溶解有机碳升高、溶解二氧化碳下降和藻类化感增加等，对水生植物的产生胁迫作用。过去学术界对富营养水体遮弱光、化感、病害和底质的缺氧和及毒性等对沉水植物减少和消失的影响比较重视，而对氮磷升高等富营养化产生的直接后果关注不够，因而对导致沉水植物退化机制并没有全面研究。铵是植物生长过程中的重要氮源。由于外源氮输入和水体溶氧下降，在重富营养的城郊湖泊中，大量生活污水的排放导致氨氮浓度的剧增（可高达几个 mg/L），而沉水植物的衰亡在这些湖泊中也普遍发生。通过实验生态学研究，首次在水生植物中发现了铵对沉水植物的急性生化胁迫效应，当氨浓度在 1mg/L 以内时，铵积累导致氨基酸合成上升（具有解毒效力）及抗氧化酶升高（响应于活性氧胁迫），但当氨浓度超过 1mg/L 以上时，铵继续积累，但氨基酸合成基本停止，抗氧化酶逐渐衰竭，为此，初步获得了氨对沉水植物的胁迫机制及阈值。而以往的研究在水生植物方面仅报道了氨对沉水植物生长的抑制现象，在陆生植物方面，发现了分子形态氨对光合磷酸化解偶联作用的毒性效应。本研究结果发表在 SCI 源刊 J. Freshwat. Ecol. 上（ Acute biochemica l response of a submersedmacrophyte Potamogeton crispus L.，to high ammonium in an aquarium experiment. Cao T.，Ni L. and Xie P.，2004. 19：279－284）。

在生长实验中也同样发现水柱高浓度铵（$NH_4^+$＝0.8mg/L）处理中的沉水植物苦草出现类似急性实验中 FAA 升高和根茎 SC 下降的症状。并观察到与根茎中 SC 储存下降相对应的苦草生长和繁殖力指标的下降。在生长尺度上验证了急性实验中发现的铵胁迫机制，证明对铵解毒作用消耗碳水化合物，造成了苦草生长繁殖资源严重不足，从而导致生长和繁殖下降的后果。

在生长实验中还发现当水柱铵浓度达到 0.2mg/L 以上时，沉水植物苦草主要从水柱中吸收氮，因此中营养以上的湖泊中水柱而不是底泥是沉水植物氮的主要来源。急性实验结果表明苦草组织铵浓度只与外源铵升高正相关，与硝酸盐升高不相关，证明了铵而不是硝酸盐是沉水植物主要的水柱氮源。与其他沉水植物对铵胁迫的响应模式比较，苦草对铵的吸收量和其 FAA 含量均随外源铵浓度直线增加，表明苦草对组织铵和氨基酸的累积作用缺乏通过负反馈进行抑制机制，容易产生氮的富集和碳氮失衡。

以上研究表明铵胁迫通过增加氨基酸合成和碳水化合物消耗显著降低了沉水植物的碳氮比，因此氨基酸与可溶性碳水化合物之比（ FAA/SC）是衡量铵胁迫是否导致沉水植物碳氮失衡的敏感指标。采用 FAA/SC 指标探讨了铵升高对长江流域 14 个浅水湖泊 53 个样点上沉水植物苦草 *V. natans* 的生长胁迫。发现苦草 FAA/SC 随 FAA 和水柱铵浓度显著升高，因此在自然生长的苦草种群中证明了外源铵胁迫和植物 FAA 合成增加对碳氮比指标的显著影响。野外和实验苦草的生物量随 FAA/SC 变化曲线表明在中等铵浓度（NH4－N＜0.3mg/L）水体中苦草生物量较高，而在高营养水体中生物量下降，这一趋势线所反映的规律与生长实验结果相一致，表明长江流域自然水体中高浓度铵胁迫导致沉水植物衰退，当浓度高于 0.56mg/L 时可能导致沉水植物消失。

#### 5.1.5.2 项目来源

中科院知识创新工程重大项目“长江中下游地区湖泊富营养化的发生机制与控制对策研究”。

#### 5.1.5.3 重大结果

本研究初步获得了急性实验中氨对沉水植物的胁迫机制及阈值。而以往的研究在水生植物方面仅报道了氨对沉水植物生长的抑制现象，在陆生植物方面，发现了分子形态氨对光合磷酸化解偶联作用的毒性效应。本研究结果发表在 SCI 源刊 J. Freshwat. Ecol. 上（ Acute biochemica l response of a submersedmacrophyte Potamogeton crispus L.，to high ammonium in an aquarium experiment. Cao T.，Ni L. and Xie P.，2004. 19：279－284）。并在生长实验和野外研究中验证了急性实验中发现的铵胁迫机制，而且进一步发现对生长和繁殖力的抑制。总结了铵对沉水植物胁迫的机制为富营养水体沉水植物的铵富集导致过量消耗碳水化合物的铵解毒代谢，从而造成了苦草生长繁殖资源严重不足，导致生长和繁殖下降。

#### 5.1.5.4 相关科研产出

（1）Cao T. L. Ni and Xie P.，2004. Acute biochemica l responsee of a submersed macrophyte Potamogeton crispus L.，to high ammonium in an aquarium experiment. J. Freshwat. Ecol. 19：279－284.

（2）吴爱平，倪乐意，吴世凯，2005。长江中游浅水湖泊水生植物氮磷含量与水 柱营养的关系。水生生物学报，29：406－412.

（3）曹特，倪乐意，2004。金鱼藻抗氧化酶对水体无机氮升高的响应。水生生物学报，28：299－303.

## 5.2 承担项目情况

（1）CERN野外台站监测运行费

负责人：谢平

执行期：2001—2006年，经费135万元。

（2）国家杰出青年科学基金“富营养型浅水湖泊藻类水华爆发及产毒机制的研究”

负责人：谢平

执行期：2003—2006年，资助金额为100万元。

（3）国家自然基金面上项目“浅水富营养化湖泊恢复水生植被的生态学基础”

负责人：倪乐意

执行期：2003—2005年，资助金额为19万元。

（4）“863”计划，太湖水专项“太湖水污染控制与水体修复技术及工程”

二级课题负责人：谢平

执行期：2003—2005年，总经费：450万，实际负责执行子专题“滤食性鱼类控藻技术”，经费170万。

（5）“863”计划，太湖水专项“太湖水污染控制与水体修复技术及工程”课题：水源地示范区水生植被恢复的关键技术和指标研究

三级课题负责人：倪乐意，经费：30万元。

（6）国家“十五”重大科技专项“受污染城市水体修复技术与工程示范”

子专题负责人：倪乐意

执行期：2003—2005年，经费：20万元。

（7）“973”项目专题“生物多样性与水生态系统的恢复”

负责人：谢平

执行期：2000—2004年，经费：50万元。

（8）“973”项目“湖泊富营养化过程与蓝藻水华暴发机理研究”

子专题负责人：倪乐意

执行期：2002—3006年，经费为40万元。

（9）中科院知识创新工程重大项目“长江中下游地区湖泊富营养化的发生机制与控制对策研究”

首席科学家：谢平。

执行期：2002—2007年，项目资助总经费2 000万元，实际负责经费：540万元，到账经费：255万元。

（10）中科院知识创新工程重大项目“外来种入侵高原的生态学效应”

课题负责人：谢平

执行期：2002—2007 年，经费 130 万元。

（11）中科院知识创新工程重大项目“我国内陆和近海生态系统碳循环过程的研究”

课题负责人：倪乐意

执行期：2002—2007 年，经费 110 万元。

（12）领域前沿项目“蓝藻水华爆发机理和综合控制方法研究”

负责人：谢平

执行期：2001—2004 年，经费：80 万元。

（13）国家环保总局环境保护经费“三峡库区经济和珍稀濒危水生动物稳定性同位素编目研究”

负责人：谢平

执行期：2004—2005 年，经费：20 万元。

（14）中科院资源环境领域野外台站研究基金“用稳定性同位素技术（$^{13}$C 和$^{15}$N）构建东湖、太湖和巢湖的食物网”

负责人：谢平，徐军

执行期：2005—2007 年，经费：30 万元。

（15）国家自然基金“应用稳定性同位素技术研究养殖污染物对养殖水域环境与食物网的影响”

负责人：徐军

执行期：2006 年，经费：8 万元。

（16）中国科学院重点项目“再生性有机污染微囊藻毒素对水产品安全性的影响”

负责人：谢平

执行期：2004—2007 年，经费：180 万元。

（17）中国科学院资环局“东湖台站观测研究及数据信息系统建设”

负责人：谢平

执行期：2006—2007 年，经费：19.6 万元。

（18）淡水生态与生物技术国家重点实验室“应用和探讨鱼类食性转变及其与生态系统的相互作用”

负责人：谢平

执行期：2004—2007 年，经费：15 万元。

（19）国家环保总局项目“三峡库区经济和珍稀濒危水生动物稳定性同位素编目研究”

负责人：谢平

执行期：2005—2006 年，经费：20 万元。

## 5.3　论文发表

（1）Xie，L. & Xie，P.（2002）Long-term（1956—1999）dynamics of phosphorus in a shallow，subtropical Chinese lake with the possible effects of cyanobacterial blooms. Water Res. 36：342－349（Correspondent author）.

（2）Tang，H.，Xie，P.，Lu，M.，Xie，L. and Wang J.（2002）Studies on the effects of silver carp（Hypophthalmichthys molotrix）on the phytoplankton in a shallow hypereutrophic lake through an enclosure experiment. Int. Rev. Hydrobiol. 87：107－119（Correspondent author）.

（3）Gong，Z. and Xie P. & Li，Y.（2002）Effect of temperature and photoperiod on hatching of eggs of Tokunagayusuriga akamusi（Diptera：Chironomidae）. J. Freshw. Ecol. 17：169－170

(Correspondent author).

(4) Li. Y, Xie, P., Shi, Z. and Gong Z. (2002) Floral surveys on Gomphonemaceae and Cymbellaceae (Bacillariophyta) from the headwaters of the Yangtze River, Qinghai, China. J. Freshw. Ecol. 17: 121-126 (Correspondent author).

(5) Liu, H., Xie, P., Chen, F., Tang H. & Xie, L. (2002) Enhancement of planktonic rotifers by Microcystis aeruginosa blooms: an enclosure experiment in a shallow eutrophic lake. J. Freshw. Ecol. 17: 239-247 (Correspondent author).

(6) Jin, G., Li, Z. & Xie, P. (2002) The precocious Chinese mitten crab: changes of sexual gland, surval rate and life span in a freshwater lake. J. Crust. Biol. 22 (2) : 411-415.

(7) Xie, P. & Wu, L. (2002) Enhancement of Moina micrura by the filter-feeding silver and bighead carps in a subtropical Chinese lake. Arch. Hydrobiol. 154: 327-340.

(8) Xi, Y.L., Jin, H.J., Xie, P., Huang, X.F. (2002) Morphological variation of Keratella cochlearis (Rotatoria) in a shallow, eutrophic subtropic Chinese lake. J. Freshw. Ecol. 17: 447-454.

(9) Lu, M., Xie, P., Tang, H., Shao, Z. & Xie, L. (2002) Experimental study of trophic cascade effect of silver carp (Hypophthalmichthys molitrixon) in a subtropical lake, Lake Donghu: on plankton community and underlying mechanisms of changes of crustacean community. Hydrobiologia, 487 (1): 19-31.

(10) Xie, L.Q., Xie, P* & H.J. Tang (2003) Enhancement of dissolved phosphorus release from sediment to lake by Microcystis blooms-an enclosure experiment in a hypereutrophic, subtropical Chinese lake. Environ. Pollut. 122: 391-399 (*Correspondent author).

(11) Xie, L.Q., Xie, P*, Li, S.X., Tang, H.J. & Liu, H. (2003) The low TN: TP ratio, a cause or a result of Microcystis blooms? Wat. Res. 37: 2073-2080 (*Correspondent author).

(12) Chen, F.Z. and Xie, P* (2003) The effects of fresh and decomposed Microcystis aeruginosa on cladocerans from a subtropic Chinese lake. J. Freshw. Ecol. 18: 97-104 (*Correspondent author).

(13) Li, Y., Xie, P*, Gong, Z.J. & Shi Z.X. (2003) Gomphonemaceae and Cymbellaceae (Bacillariophyta) from Hengduan Mountains region (southwestern China). Nova Hedwigia 76: 507-536 (*Correspondent author).

(14) Jin, G, Xie, P* and Li Z. (2003) Food habits of two-year-old Chinese mitten crab (Eriocher sinensis) stocked in Lake Bao'an, China. J. Freshw. Ecol. 18: 369-375.

(15) Deng D. & Xie, P* (2003) Effect of food and temperature on the growth and development of Moina irrasa (Cladocera: Moinidae). J. Freshw. Ecol. 18: 503-513 (*Correspondent author).

(16) Shao Z & Xie P* (2003) The impact of silver carp (Hypophtalmichthys molitrix) on the rotifer community in eutrophic subtropical Chinese lake. J. Freshw. Ecol. 18: 599-604 (*Correspondent author).

(17) Xie, P. (2003) Three-gorges dam: risk to ancient fish. Science, 302: 1149-1149.

(18) Xie, L.Q., Xie, P*., Ozawa, K., Honma, T., Yokoyama, A. & Park, H.D. (2004) Dynamics of microcystins-LR and -RR in the planktivorous silver carp in a sub-chronic toxic experiment. Environ. Pollut. 127: 431-439 (*Correspondent author).

(19) Wang, J.X., Xie, P., Xu, Y., Kettrup, A. and Schramm, K.W. (2004). Differing estrogen activities in the organic-phase of air particulate matter collected during sunny and foggy

weather in a Chinese city detected by a recombinant yeast bioassay. Atmospheric Environment 39: 6157-6166 ( * Correspondent author).

(20) Zheng, L., Xu, X. Q., Xie, P * (2004) Seasonal and Vertical Distributions of Acid Volatile Sulfide and Metal Bioavailability in a Shallow, Subtropical Lake in China. B. Environ. Contam. Tox. 72: 326-334 ( * Correspondent author).

(21) Zheng L., Xie, P * Li Y. L., Yang H., Wang S. B., Guo N. C. (2004) Variation of intracellular and extracellular microcystins in a shallow, hypereutrophic subtropical Chinese lake with dense cyanobacterial blooms. B. Environ. Contam. Tox. 73: 698-706 ( * Correspondent author).

(22) Chen, F. Z. & Xie, P * (2004) Inhibition of the predatory activity of the copepod Mesocyclops notius by Microcystis spp.. J. Freshw. Ecol.: 19: 161-162 ( * Correspondent author).

(23) Li, Y. L., Xie, P *, Gong, Z. J. & Shi, Z. X. (2004) A survey of the Gomphonemaceae and Cymbellaceae (Bacillariophyta) from the Jolmolungma Mountain (Everest) region of China. J. Freshw. Ecol.: 19: 189-194 ( * Correspondent author).

(24) Wang, J., Xie, P *, Takamura, N., Xie, L. Q., Shao, Z. J. and Tang. H. J. (2004) The picophytoplankton in three Chinese lakes of different trophic status and relationship to fish population. J. Freshw. Ecol.: 19: 285-295 ( * Correspondent author).

(25) Cao T, Ni L Y and Xie P (2004) Acute biochemical responsee of a submersed macrophyte Potamogeton crispus L., to high ammonium in an aquarium experiment. J. Freshwat. Ecol. 19: 279-284.

(26) Zhang, M, Zhou, Y., Xie, P *, Xu, J., Li, J. Q., Zhu, D. W and Xia, T. X. (2004) Impacts of Cage-culture of Oreochromis niloticus on Organic Matter Content, Fractionation and Sorption of Phosphorus, and Alkaline Phosphatase Activity in a hypereutrophic lake, China. B. Environ. Contam. Tox. 73: 927-932 ( * Correspondent author).

(27) Yi, C. L.; Appleby, P.; Boyel, J.; Rose, N.; Rong, D. X. and Xie, P. 2004. The sedimentary record of a significant flooding event in Lake Taihu on the Yangtze delta, China. J. Coast. Res., special issue 43: 89-100.

(28) Xing Y. P., Xie P., Yang H., Ni L. Y., Wang Y. S. and Tang W. H. (2004) Diel variation of methane fluxes in summer in a eutrophic subtropical lake in China. J. Freshw. Ecol. 19: 639-644.

(29) Gong Z J, Li YL & Xie P * (2004) Life history and production of Sphaerium lacustre (Mollusca: Sphaeriidae) in a subtropical Chinese shallow lake. J. Freshw. Ecol. 19: 709-711 ( * Correspondent author).

(30) Xu J and Xie P * (2004) Studies on the food web structure of Lake Donghu using stable carbon and nitrogen isotope ratios. J. Freshw. Ecol. 19: 645-650 ( * Correspondent author).

(31) Chen F Z and Xie P *. (2004) The toxicities of single-celled Microcystis aeruginosa PCC7820 and liberated M. aeruginosa to Daphnia carinata in the absence and presence of the green alga Scenedesmus obliquus. J. Freshw. Ecol. 19: 539-545 ( * Correspondent author).

(32) Chen J, Xie P *, Guo L G, Zheng L & Ni L Y (2005) Tissue distributions and seasonal dynamics of the hepatotoxic microcystins -LR and -RR in a freshwater snail (Bellamya aeruginosa) from a large shallow, eutrophic lake of the subtropical China. Environ. Pollut. 134: 423-430 ( * Correspondent author).

(33) Chen, J. & Xie P * (2005) Tissue distributions and seasonal dynamics of the hepatotoxic microcystins -LR and -RR in two freshwater shrimps, Palaemon modestus and Macrobrachium nipponensis, from a large shallow, eutrophic lake of the subtropical China. Toxicon 45: 615 - 625 ( * Correspondent author).

(34) Geng H, Xie P * , Deng D & Zhou Q (2005) The rotifer assemblage in a shallow, eutrophic Chinese lake and its relationships with cyanobacterial blooms and crustacean zooplankton. J. Freshw. Ecol. 20: 83 - 100 ( * Correspondent author).

(35) Xiong L. , Xie P * , Sheng X. M. , Wu Z. B and Xie L. Q. (2005) Toxicity of cypermethrin on growth, pigments, and superoxide dismutase of Scenedesmus obliquus. Ecotoxicol. Environ. Safety 60: 188 - 192.

(36) Xu J, Li S X & Xie P (2005) Differences in δ13C and δ15N of particulate organic matter from the deep oligotrophic Lake Fuxian connected with the shallow eutrophic Lake Xingyun, China. B. Environ. Contam. Tox. 74: 281 - 285 ( * Correspondent author).

(37) Xie L Q, Xie P * , Guo L G, Li L, Yuichi M & Park H D (2005) Organ distribution and bioaccumulation of microcystins in freshwater fishes with different trophic levels from the eutrophic Lake Chaohu, China. Environ Toxicol. 20: 293 - 300 ( * Correspondent author).

(38) Zhang X, Xie P * , Li Y, Li S X, Chen F. , Guo N, Qin J H (2005). Present status and changes of phytoplankton community after invasion of Neosalanx taihuensis since 1982 in a deep oligotrophic plateau lake, Lake Fuxian in the subtropical China. J. Environ. Sci. 17: 389 - 394 ( * Correspondent author).

(39) Xu J, Xie P * , Zhang M & Yang H. (2005) Variation in stable isotope signatures of seston and a zooplanktivorous fish in a eutrophic Chinese lake. Hydrobiologia 541: 215 - 220 ( * Correspondent author).

(40) Xu MQ, Cao H, Xie P, Deng DG, Feng WS and Xu J (2005) Use of PFU Protozoan Community Structural And Functional Characteristics in Assessment of Water Quality in A Large, Highly Polluted Freshwater Lake in China. J Environ Monit 7: 670 - 674.

(41) Xu M Q, Cao H, Xie P, Deng D G, Feng W S & Xu J (2005) The temporal and spatial distribution, composition and abundance of Protozoa in Chaohu Lake, China: relationship with Eutrophication. European J. Protistol. 41: 183 - 192.

(42) Wang J X, Xie P, Kettrup A. & Schramm K W (2005) Evaluation of soot particles of biomass fuels with endorine-modulating activity in yeast-based bioassay. Anal. Bioanal Chem. 381: 1609 - 1618.

(43) Liu Y. , Xie P * , Chen FZ & Wu XP. (2005) Effect of combinations of the toxic cyanobacterum Microcystis aeruginosa PCC7820 and the green alga Scenedesmus on the experimental population of Daphnia pulex. B. Environ. Contam. Tox. 74 : 1186 - 1191 ( * Correspondent author).

(44) Chen FZ & Xie P (2005) Evidence for negative effects of Microcystis bloom on the crustacean plankton in an enclose experiment in the subtropical China. 17: J. Environ. Sci. 17: 775 - 781.

(45) Tang H J, Xie P * , Liu H (2005) Changes in the phytoplankton community of Lake Donghu since the 1980s. J. Freshwat. Ecol. 20: 591 - 594 ( * Correspondent author).

(46) Yang H, Xie P * , Xing Y P, Ni L Y & Guo H T. (2005) Attenuation of

photosynthetically available radiation by chlorophyll, chromophoric dissolved organic matter, and tripton in Lake Donghu, China. J. Freshwat. Ecol. 20: 575 - 581 ( * Correspondent author) XingYP, Xie P, Yang H, Ni, LY, Wang YS, Rong KW (2005) Methane and carbon dioxide fluxes from a shallow hypereutrophic subtropical Lake in China. Atmospheric Environment 39: 5532 - 5540 (Correspondent author).

(47) Li L, Xie P * & Chen J (2005) In vivo studies on toxin accumulation in liver and ultralstructural changes of the hepatocytes of the phytoplanktivorous bighead carp i. p. -injected with extracted microcystins. Toxicon 46: 533 - 545 ( * Correspondent author).

(48) Wang J X, Xie P * , Kettrup A. & Schramm K W (2005) Inhibition of progesterone receptor activity in recombinant yeast by soot from fossil fuel combustion emissions and air particulate materials. Sci. Total Environ. 349: 120 - 128 (Correspondent author).

(49) Chen J & Xie P * (2005) Seasonal dynamics of the hepatotoxic microcystins in various organs of four freshwater bivalves from the large eutrophic Lake Taihu of the subtropical China and the risk to human consumption. Environ Toxicol. 20: 572 - 584 ( * Correspondent author).

(50) Guo L & Xie P * (2005) An in situ estimate of food consumption by icefish in Lake Chaohu, China. J. Freshwat. Ecol. 20: 671 - 676 ( * Correspondent author).

(51) Yang H, Xie P * et al. (2006) Sedimentation rates and nitrogen and phosphorous retentions in the largest urban Lake Donghu, China. J Radioanal Nucl Ch 267: 205 - 208 ( * Correspondent author).

(52) Zhang X, Xie P * et al. 2006. Effects of the phytoplanktivorous silver carp on plankton and the hepatotoxic microcystins in an enclosure experiment in a eutrophic lake, Lake Shichahai in Beijing. Aquaculture, 257: 173 - 186 ( * Correspondent author).

(53) Guo N. & Xie P * (2006) Development of tolerance against toxic Microcystis aeruginosa in three cladocerans and the ecological implications. Environ. Pollut. 143: 513 - 518 ( * Correspondent author).

(54) Geng H, Xie P * , Xu J. 2006. Effect of toxic Microcystis aeruginosa PCC7820 in combination with a green alga on the experimental population of Brachionus calyciflorus and B. rubens. B. Environ. Contam. Tox. 76: 963 - 969 ( * Correspondent author).

(55) Wang J, Liu B, Guo N and Xie P * . 2006. Alkaline phosphatase activity in four Microcystis aeruginosa species and their responses to nonylphenol stress. B. Environ. Contam. Tox. 76: 999 - 1006 ( * Correspondent author).

(56) Xie P. 2006. Biological mechanisms driving the seasonal changes in the internal loading of phosphorus in shallow lakes. Science in China (Series D) 49 (Suppl. I): 14 - 27.

(57) Zhang M, Xie P * , Jun Xu, Bingqin Liu, Hong Yang. 2006. The regulation mechanisms of internal P-loading in the large shallow Lake Chaohu. Science in China (Series D) 49 (Suppl. I): 72 - 81 (Correspondent author).

(58) Wu SK, Xie P, Wang SB & Zhou Q. 2006. Changes in the patterns of inorganic nitrogen and TN/TP ratio and the associated mechanisms of biological regulation in the shallow lakes along the middle and lower reaches of the Yangtze River. Science in China (Series D) 49 (Suppl. I): 126 - 134 ( * Correspondent author).

(59) Li Y, Zhao SQ, Zhao K, Xie P, Fang JY. 2006. Land-cover changes in an urban lake watershed in a mega-city, central China, Environmental Monitoring and Assessment, 115: 349 - 359.

(60) Yi CL, Liu HF, Rose NL, Yang H, Ni LY and Xie P. Sediment sources and the flood record from Wanghu lake, in the Middle Reaches of the Yangtze River. Journal of Hydrology, 329: 568 - 576.

(61) Wu S K, Xie P *, Liang G D, Wang S B and Liang X M. 2007. Relationships between microcystins and environmental parameters in 30 subtropical shallow lakes along the Yangtze River, China. Freshwater Biol. 51: 2309 - 2319 ( * Correspondent author).

(62) Chen J, Xie P *, Zhang D, Ke ZX and Yang H. 2006. In situ studies on the bioaccumulation of microcystins in the phytoplanktivorous silver carp (Hypophthalmichthys molitrix) stocked in Lake Taihu with dense toxic Microcystis blooms. Aquaculture, 261: 1026 - 1038 ( * Correspondent author).

(63) Fu J and Xie P * . 2006. The acute effects of microcystin LR on the transcription of nine glutathione S-transferase genes in common carp Cyprinus carpio L. Aquatic Toxicol. 80: 261 - 266 ( * Correspondent author).

(64) Fang, ZH Wang, SQ Zhao, YK Li, ZY Tang, D Yu, , LY Ni, HZ Liu, P Xie, LJ Da, ZQ Li, and CY Zheng. 2006. Biodiversity changes in the lakes of the Central Yangtze. Front. Ecol. Environ. 4 (7): 369 - 377.

(65) Xing YP, Xie P *, Yang H, Wu AP and Ni LY. 2006. The change of gaseous carbon fluxes following the switch of dominant producers from macrophytes to algae in a shallow subtropical lake of China. Atmospheric Environment 40: 8034 - 8043 ( * Correspondent author).

(66) Yang H, Xie P *, Ke Z X, Liu YQ, Wu S K, Xu J, Guo LG. 2006. The impact of planktivorous fishes on microcystin concentrations in Meiliang Bay, Lake Taihu, China J. Freshwater Ecol. 21: 721 - 723 ( * Correspondent author).

(67) Liu Y, Xie P * and Wu XP. 2006. Effects of toxic and non-toxic Microcystis aeruginosa on surval, population-increase and feeding of two small cladocerans. B. Environ. Contam. Tox. 77: 566 - 573 ( * Correspondent author).

(68) Yang H, Xie P *, Zheng L, Deng D G, Zhou Q, Wu S K and Xu J. 2006. Seasonal variation of microcystins concentration in Lake Chaohu, a shallow subtropical lake in China. B. Environ. Contam. Tox. 77: 367 - 374 ( * Correspondent author).

(69) Li Y L, Gong Z J, Xie P and Shen J. 2006. Distribution and morphology of two endemic gomphonemoid species, Gomphonema kaznakowi Mereschkowsky and G. yangtzensis Li nov. sp. In China. Diatom Research. 21: 313 - 324 ( * Correspondent author).

## [编后语]

作为中国最大的城中湖，东湖一直发挥着雨水调蓄、生态调节、渔业养殖和工业水源等多种功能，其监测更是为城市建设、环境保护、经济发展以及社会可持续发展有着重要影响和深远意义。东湖不仅是我国内陆水体浅水湖泊的典型代表，也是伴随着城市发展其生态系统的结构和功能发现了显著性的变化。通过长期监测生态系统的变化特征，反映了湖泊受人类干扰强度不断增强下的响应过程，为我国浅水湖泊的治理和发展提供重要的依据。因此，我们任重道远，将在已有监测和研究的基础上继往开来，全面掌握东湖水体生态系统的结构和功能特征，为国家的宏观调控和地方政府部门对东湖的治理和发展贡献力量。

**图书在版编目（CIP）数据**

中国生态系统定位观测与研究数据集．湖泊湿地海湾生态系统卷．湖北东湖站：2002～2006／孙鸿烈等主编；谢平，过龙根，倪乐意分册主编．—北京：中国农业出版社，2010.10

ISBN 978-7-109-15068-3

Ⅰ.①中… Ⅱ.①孙…②谢…③过…④倪… Ⅲ.①生态系统-统计数据-中国②沼泽化地-生态系统-统计数据-武汉市-2002～2006 Ⅳ.①Q147②P942.533.078

中国版本图书馆 CIP 数据核字（2010）第 197721 号

中国农业出版社出版

（北京市朝阳区农展馆北路 2 号）

（邮政编码 100125）

责任编辑 刘爱芳 李昕昱

中国农业出版社印刷厂印刷 新华书店北京发行所发行

2010 年 10 月第 1 版 2010 年 10 月北京第 1 次印刷

开本：889mm×1194mm 1/16 印张：5

字数：128 千字

定价：40.00 元